飼い方・気持ちがよくわかる

かわいい ハムスターとの 暮らし方

監修　みわエキゾチック動物病院院長
三輪恭嗣

ナツメ社

はじめに

ハムスターは、子どもから大人まで幅広い世代に、非常に人気のある小動物です。昔はハムスターといえばゴールデンハムスターでしたが、その後、ジャンガリアンハムスターやロボロフスキーハムスター、チャイニーズハムスターなど、さまざまな種類のハムスターが紹介されています。それに伴い、ハムスターの飼育器具やエサなども、どれを選んでいいのか困ってしまうほどたくさんのものが販売されるようになりました。インターネットでは、ハムスターに関する情報が簡単に手に入るようになっています。

もともと、ハムスターの飼育はそう難しくはありません。しかし、

ハムスターに限りませんが、飼育されている動物は飼い主さんを選ぶことができず、「飼い主さんが準備した環境」が、その動物にとって、世界のすべてになります。この本は、縁あっていっしょに暮らすことになった小さな同居人が、快適で幸せに暮らすことができるよう、ハムスターの基本的な情報から飼育時の工夫や注意点、さらに病気のことまで、役に立つ情報をできるだけたくさん集めてあります。

本書がこれからハムスターを飼おうと思っている人、すでに経験豊富な飼い主さんにとって役に立つ情報源になれば。そして、できるだけ多くのハムスターが、快適な環境で幸せに生活でき、飼い主さんとのきずなを深めるための一助になれば幸いです。

みわエキゾチック動物病院
院長　三輪恭嗣

ハムスターって、じつは…

小さな体で、いろいろな姿を見せてくれるハムスター。
そんな彼らの、意外（?）な一面を少しだけ紹介します。

表情が豊かです。

手のひらに乗るほど小さな体のハムスターですが、けっこう表情が豊かなんです。小さな目、口、鼻でいろいろなことを表現しています。

とってもパワフルです。

小さいからってあなどることなかれ！体力がありあまっていて、一晩で数十キロ走り続けるほどパワフルです。

自立しています。

なわばり意識がとっても強いので、
近くに“仲間”がいないほうが安心します。
ひとりでも「寂しい」とは思いません。

どこにでも入ります。

狭い場所が大好きで、どこにでも
入ってしまいます。時には
驚くような場所から出てくることも。

食いしん坊です。

食にはとっても貪欲です！
たくさん動くから、エネルギーが
いっぱい必要なんです。

手先が器用です。

４本指の前足で、なんでも器用に
こなしてしまいます。リボンだって、
手と口で上手にほどいちゃいます。

お尻もキュートです。

かわいいのはお顔だけではありません。
ぽてっとしたお尻も、とってもキュートです♥
ほら、お尻だけでも必死さが伝わるでしょ？

飼い主さんの“手”が好きです。

なれてくれば、飼い主さんの
手が大好きに♥　手の中でぬくぬくしたり、
眠っちゃったりすることも！

ほかにも…

不機嫌な
顔をしたり

卵の殻より
小さかったり

ちょっと
ブサイクだったり

やんちゃな
一面があったり

ぼくらの「じつは…」を
探してみてね！

CONTENTS

Part 1 ハムスターのミリョク

Part 2 ハムスターをお迎えしよう

Part 3
毎日きちんとお世話をしよう

Part 4
ハムスターと仲よくなろう

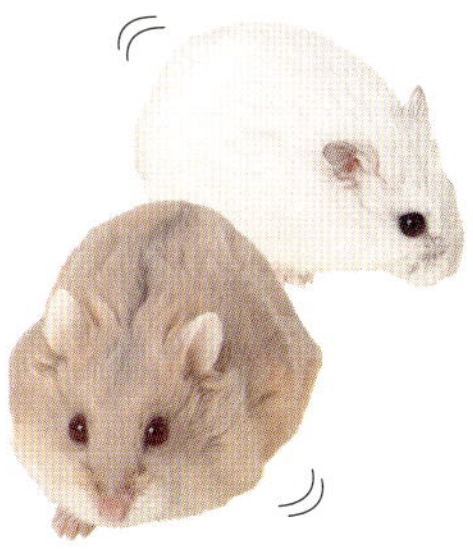

Part 5 ハムスターの健康ご長寿大作戦！

特別巻末付録

もっと！ハムスター仲よしBOOK

＼まだまだ盛りだくさん！／

飼育レポート

4コマまんが「ハムスターあるある」

Part 1

ハムスターのミリョク

＼ミリョク／

ハムスターが人気のワケ

老若男女をとりこにする愛くるしさと飼いやすさ

ハムスターがペットとして支持を集める理由のひとつに、ケージで飼えるため、集合住宅でもお迎えしやすいことがあげられます。犬などとくらべると毎日やらなければならないお世話も少なく、飼いやすい動物といえるでしょう。そのため、子どもにお世話をまかせている家庭も多いよう。一方で、ハムスターは夜行性のため、昼間出かけている忙しい大人にこそぴったりの動物でもあります。

そして何といっても、その〝愛くるしさ〟こそがいちばんのミリョク！　老若男女をとりこにするハムスターのミリョクを、厳選して紹介します。

しぐさがかわいい！

ハムスターはとても器用！　前足で顔を洗ったり、ものを上手に持ったりと、かわいすぎるしぐさをたくさん見せてくれます。また、ほお袋をぱんぱんにしたり、不思議なポーズで寝たり、おやつにはしゃぎすぎたりと、ちょっぴり〝おまぬけ〟なところもキュート！

とにかく小さい！

ハムスターはとにかく小さい！　それなのに、回し車で延々走ったり、夜中にはしゃいだりして、とってもパワフルです。また、自分が住みやすいようにケージを整えるなど、意外にかしこい面も。そのギャップにキュン♥

手乗りにできることもある

なれてくると、手乗りにできちゃうことも！　手のひらに乗ってきて、その場でおやつを食べたり、眠ってしまったりする姿を見ると、心をゆるしてくれているのがわかります。もともと警戒心が強い子がなれてくれたときの感動はひとしお！

表情がくるくる変わる

小さいけれど、じつはとっても表情豊か！　おいしそうな顔、不思議そうな顔、幸せそうな顔など、くるくる変わる表情はずっと見ていてもあきません。「何を考えてるのかな～？」なんて考えるのも楽しいですね♪

基礎知識

知っておきたいハムスターの基本5

習性や本能を理解し、尊重して接しよう

飼いやすさが人気のハムスター。しかし、抵抗力が弱い、ストレスの感受性が強いなどの面もあり、共に暮らす中で、「楽に飼える動物ではない」と認識を改める飼い主さんも多いでしょう。

ハムスターはもともと、砂漠地帯に住む野生動物。1930年ごろに発見されて、日本には1950年のはじめに入りました。つまり、人間と暮らすようになって100年も経っていないのです。そのため、ハムスターには野生の本能が色濃く残っています。ハムスターと快適に暮らすには、野生での習性を理解し、尊重して接することが重要です。

1 野生では穴を掘って暮らします

野生のハムスターが生息しているのは、「岩石砂漠」と呼ばれる石や砂だらけの砂漠。朝夜の寒暖差、四季の気温の変化が激しく、肉食動物などの天敵も多いので、ハムスターは穴を掘って巣をつくり、1日の大半をそこで過ごします。そのため、だだっ広い場所より、狭くて暗い場所に安心感をおぼえる習性があります。

ハムスターの巣穴

巣穴は約30〜40センチの深さ。寝床、食糧を保管する場所、トイレと細分化され、整理されています。どこに何があるのかはハムスターが管理するので、ものは極力動かさないで。

2 夜行性の動物です

ハムスターは、昼間のほとんどを寝て過ごし、夕方から明け方にかけて活動する夜行性の動物です。もっとも活発なのは真夜中で、野生のハムスターは一晩で何キロも走って食べものを集めます。そして日が昇るころに巣穴に戻り、眠りにつくというサイクルで１日を過ごすのです。飼育下のハムスターの生活サイクルも、基本的には同じ。夜行性であることを考慮しながら、お世話の時間帯などを決めましょう。

野生のハムスターの1日

0時

外が暗くなったら、そろそろ動きだす時間。周囲を警戒しながら外に出て、食糧集めとなわばりのパトロールに出発！

ハムスターがもっとも活発に動く時間帯。天敵となる動物が寝静まっているため、活動範囲を広げ、一晩で数キロ走ります。

一晩かけて、食糧探しとなわばりのパトロールを済ませたハムスター。眠い目をこすりながら巣穴に戻ってきます。

18時

6時

引き続き眠っていますが、ずっと寝ているわけではなく、ときどき起きて排せつしたり、貯蔵した食糧を食べたりします。

巣穴の中で完全に眠りにつきます。睡眠中は神経質になっているので、落ちついて寝られるよう環境を整えて。

12時

3 なわばり意識が強いです

ハムスターは自立心があり、個々の空間をとても大切にします。そのため、自分のなわばり（テリトリー）を侵されると、ひっくり返るなどし、攻撃態勢に入ることも（→147ページ）！　野生では巣穴を中心に、なわばりの範囲が数キロメートルにわたることもありますが、飼育下において巣穴は巣箱、なわばりはケージに置き替えられます。

4 警戒心がとても強いです

野生のハムスターは、猛禽類やイタチなどの肉食動物に狙われる被捕食動物。気を抜いたり、弱っているところを見せるとすぐに捕まってしまうため、つねに周囲を警戒して生活しなければなりませんでした。そのため、個体差はありますが、警戒心がとても強く、はじめての場所や聞きなれない音にストレスを感じます。

5 寿命は約2～3年です

ハムスターの寿命は人間にくらべてとても短く、ゴールデンで3年、ドワーフ（→24ページ）で2年ほど。生後2か月ほどで性成熟を迎え、大人の仲間入りをします。つまり、ハムスターの時間は、人間よりもずっと早く進んでいるのです。ハムスターにとっての1日は、人間にとって1か月にもなります。お世話するときは、「ハムスターの時間」を意識しましょう。さらに、病気の進行がとても早く、気づいたときには処置のしようがない状態になっているケースが少なくありません。毎日観察し、病気の早期発見、治療に努めましょう。

時間の進みが
人とは違うよ

ハムスターと人間の年齢換算表
（ゴールデンハムスターの場合）

人間	ハムスター
7歳	1か月
15歳	2か月
18歳	3か月
25歳	6か月
30歳	1歳
60歳	2歳
90歳	3歳

ぼくらのこと
よく知ってね！

ハムスターの体のしくみと感覚

人間とはまったく違う体のしくみと感覚をもつ

愛するハムスターと快適に生活にするために、体の特徴を知っておくことは大切です。ハムスターの体はとても小さく、当然、人間とはまったく違うさまざまな特徴があります。

ハムスター最大の特徴は、生涯伸び続けるという「歯」と、口内に備わった「ほお袋」でしょう。とくにほお袋は、ほかの動物にはあまり見られない特徴で、巣穴に食糧を貯蔵するために、食べものを運ぶ袋の役割をもちます。

なお、ゴールデンとドワーフで大きな差はありませんが、足裏の毛の有無や臭腺の位置（→101ページ）などに違いがあります。

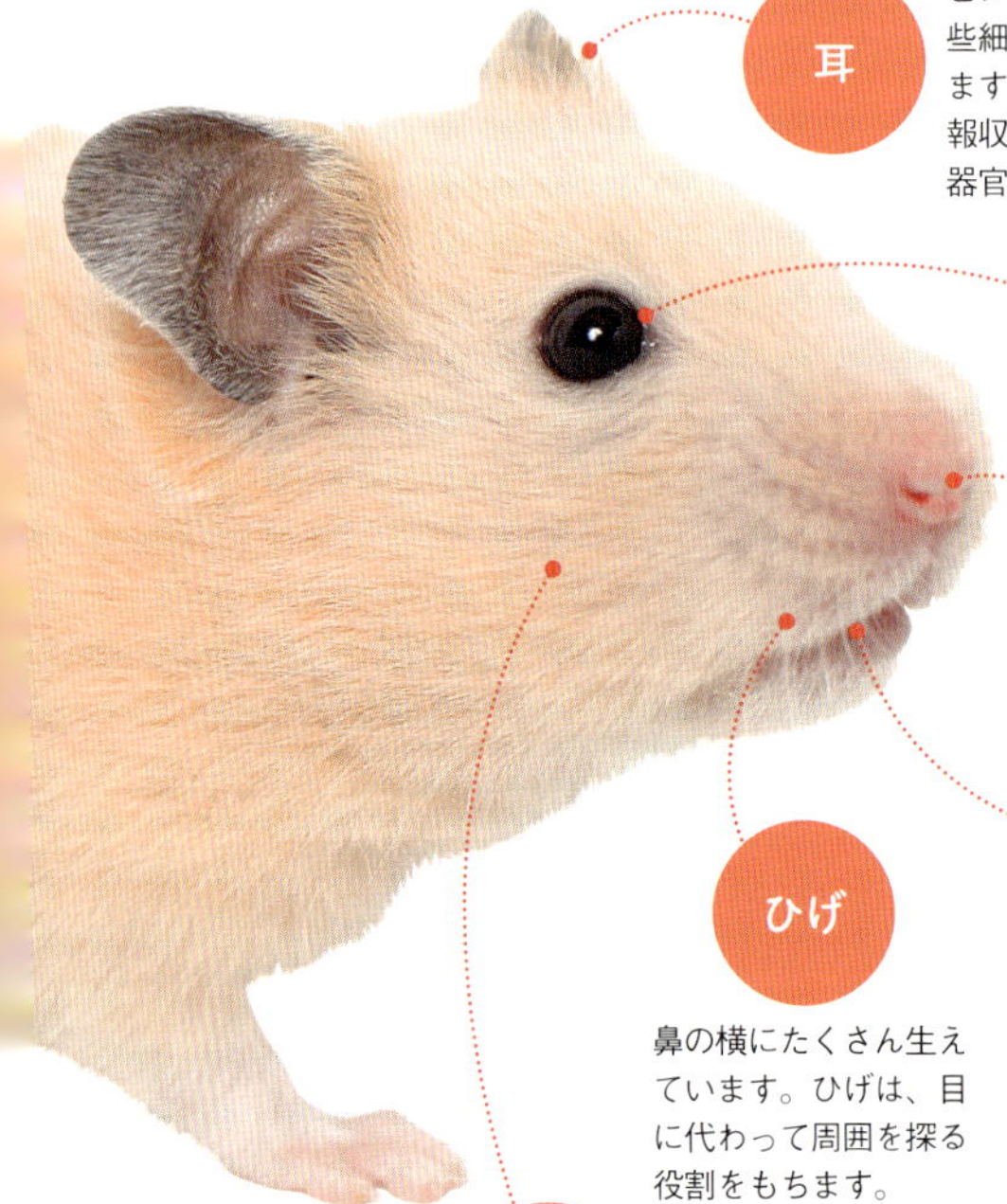

耳
ピンと立って、周囲の些細な音まで聞き取ります。ハムスターの情報収集のための最重要器官パート1です。

目
顔の横についており、人より視野は広いものの、視力は悪いです。目の色は黒や赤、ぶどう色などさまざまです。

鼻
顔の先端のほうにちょこんとついています。情報を得るための、最重要器官パート2です。

ひげ
鼻の横にたくさん生えています。ひげは、目に代わって周囲を探る役割をもちます。

歯

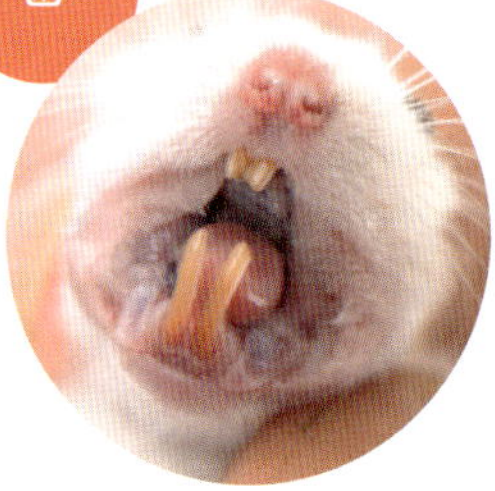

歯は全部で16本あり、そのうち４本の前歯は一生伸び続けます。色はやや黄色っぽいです。

ほお袋

顔が変形することも！

口の内部の両側にあります。食べもののほか、巣材などもほお袋に入れて運びます。

注意！

骨はあまり強くないよ！

ハムスターの骨は細くて軽く、些細な接触で折れてしまうことがあります。また、巣穴にもぐる習性はあっても、のぼる習性がないため、高いところから降りることができません。ケージ内に段差をつくると落下して骨折することがあるので、注意しましょう。

とてもやわらかく、首の後ろや背中の皮膚はよく伸びます。

ちょこんと小さなしっぽがあります。あまり使う機会がなく、短いです。

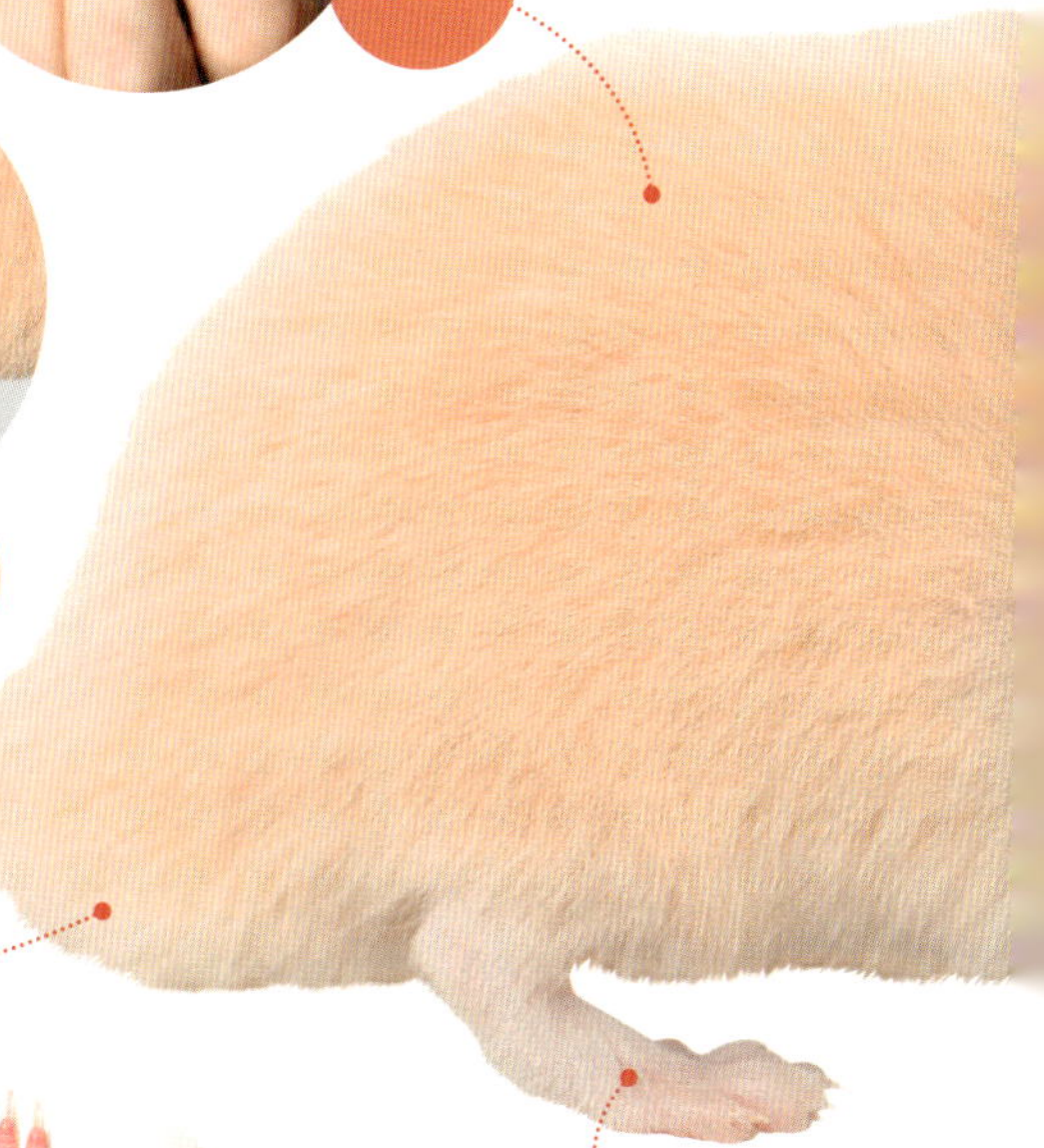

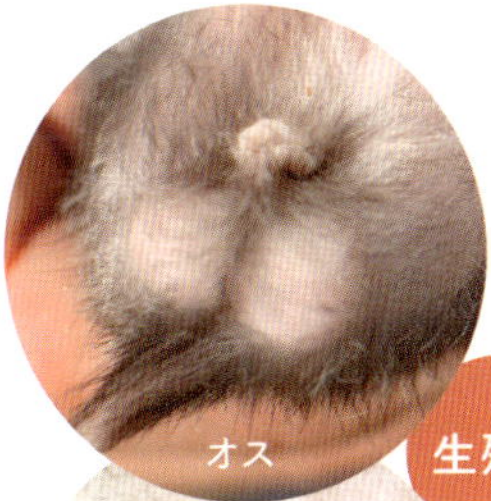

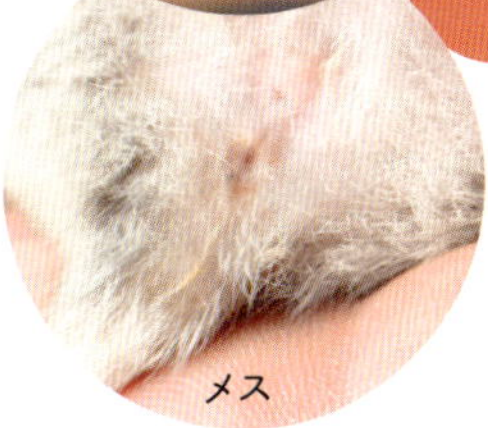

小さいころはオス・メスの区別がつきづらいですが、大人になるとオスは睾丸が大きくなり、見分けやすいです。

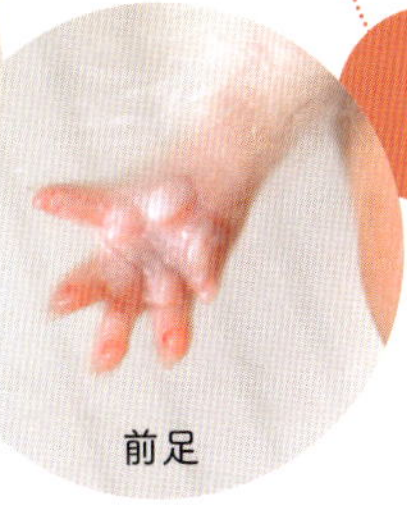

指は、前足が４本、後ろ足が５本と前後で数が異なります。前足と後ろ足には、つめが生えています。なお、ドワーフの足には毛があります。

ハムスターの感覚

ハムスターの世界は人間とはまったく違う！

昼行性の人間と夜行性のハムスターでは、もっている感覚が異なります。夜に行動するため視力は悪いですが、その分聴覚や嗅覚がすぐれており、人間の数倍もの精度をほこります。ハムスターが見て、聞いて、感じている世界を少しだけ覗いてみましょう。

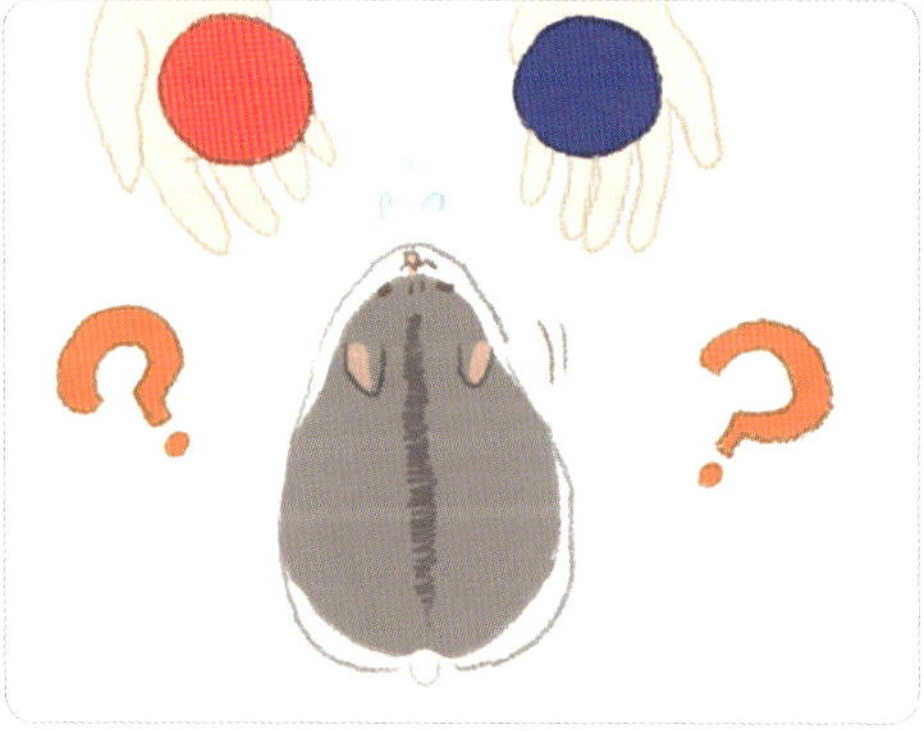

視覚

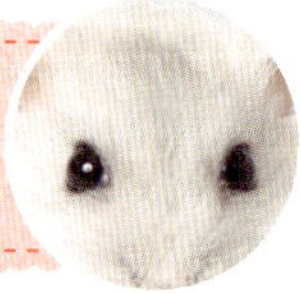

近眼で視力は悪いものの暗闇でもものが見える！

近眼で視力はとても悪く、見えるのは向こう20㎝ほどです。また、ものを立体的に見ることができず、色も見分けがつくのは白と黒くらい。飼い主さんのことも見た目では覚えられないようです。ただし夜行性のため、夜目は利きます。

聴覚

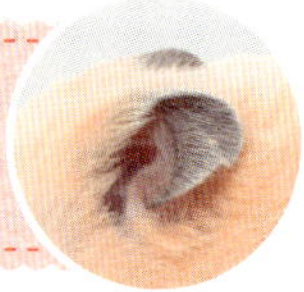

超音波も拾えちゃう高性能レーダー

耳はとてもよく、かすかな音も聞き逃しません。さらに、拾える周波も人間より広く、超音波もキャッチできるほど。野生では、超音波を使って仲間とコミュニケーションをとるといわれます。

とっても大事な
アンテナなのだ!

触角

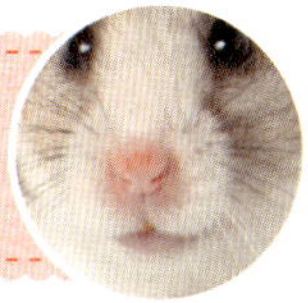

ひげをアンテナにして 周囲のものを探る!

ハムスターは、口もとについているひげをアンテナとして使い、周囲のものを探っています。人間でいう「手」のような役割をもち、視力が弱い分、ひげを使って自分の位置を測るのです。

味覚

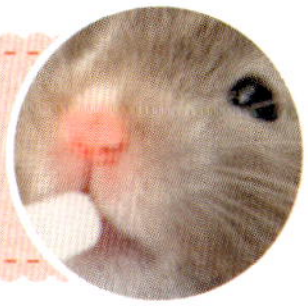

味覚は発達していて 甘いものが大好物

ハムスターは草食よりの雑食で、植物から昆虫までなんでも食べます。小さな舌ですが、味覚は発達していて、なかでもくだものなどの甘いものは大好物！　反対に、苦いものはあまり好きではないようです。

くだもの
食べた～い♥

Memo

痛みは隠す性質が!

被捕食動物であるハムスターは、弱ったところを敵に見せないよう痛みを隠す習性があります。つまり、痛みを訴えてくるときは、すでに症状が進行している可能性が高いのです。

い、痛くない…

嗅覚

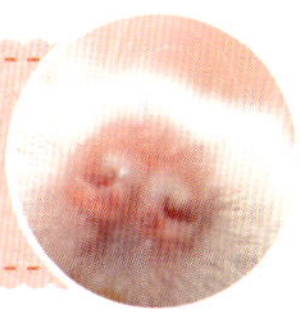

五感のなかでもっともすぐれ、 かすかなにおいもわかる!

ハムスターの嗅覚はとてもすぐれていて、なわばりや食べもののにおいを鼻でかぎ分けます。飼い主さんのことも、においで覚えているよう。また、メスはオスのにおいをかいで繁殖相手を選んでいます。

ハムスターカタログ

現在確認されているハムスター22種類のなかから、
日本でペットとして人気の５種類を大紹介！

大きくゴールデンとドワーフに分けられる

ハムスターは、ユーラシア大陸を中心に世界中に分布します。ここで紹介する5種類だけでも、生息地は中近東からロシア、中国までバラバラ。それぞれ、その土地で生き抜くためのさまざまな特徴が備わっています。

　なお、5種のハムスターは「ゴールデンハムスター」と「ドワーフハムスター」に分けられます。ゴールデンとドワーフでは、必要な飼育用品や食事量が異なります。

＼ 大きな体での～んびり ／

ゴールデンハムスター

（→25ページ）

＼ 小さな体がミリョク！ ／

ドワーフハムスター

ジャンガリアンハムスター

（→28ページ）

ロボロフスキーハムスター

（→32ページ）

チャイニーズハムスター

（→34ページ）

キャンベルハムスター

（→35ページ）

Memo

ハムスターは“種類”が違う！

たとえば犬だと、チワワと柴犬は「品種」が違います。ところがハムスターは「種類」が異なるのです。品種が異なっても繁殖は可能ですが、ハムスターは種類が違うと、基本的には繁殖ができません。また、体のしくみも品種以上に差があります。

Golden Hamster

おっとりしていてなれやすい子が多い

ゴールデンハムスター

ハムスターのなかで、もっとも古くからペットとして愛されてきたのが、ゴールデンハムスターです。ハムスターといえばゴールデンを思い浮かべる人も多く、とくに白と茶のまだら模様のノーマルカラーがおなじみ。短毛種と長毛種がおり、カラーバリエーションも豊富。おっとりした性格で比較的なつきやすい個体が多いです。

Date

- 体重　オス　85～130g
  　　　メス　95～150g
- 体長　18～19cm
- 生息地　シリアなど中近東地域

いちばん
メジャーな色！
Color:ノーマル

もぐらみたい!?

Color:ノーマル（原色）

野生の個体に近いノーマルカラー。一般的に流通しているノーマルは、改良によってつくられた色みです。

golden Hamster
ゴールデンハムスター

Color:キンクマ
日本で大人気の
キンクマちゃん!

黒×白で
パンダみたいでしょ?
Color:パンダカラー

Color:シルバー
シルバーグレーに
黒のさし色がポイント

Color：クリームバンド
ほんのりクリーム色が入ってるの

まだら模様がミリョクです!
Color：ドミノカラー

キンクマカラーは長毛も人気♪
Color：キンクマ（長毛）

Color：ホワイト（長毛）
真っ白でふわっふわです♥

Djungarian Hamster

ドワーフの中でもっとも温和！

ジャンガリアンハムスター

ゴールデンと並び、日本で大人気のジャンガリアンハムスター。ドワーフハムスターの中ではもっともなれやすく、飼育しやすい種類です。性格は比較的温和ですが、個体差が激しく、なかにはとても神経質な子も。野生では標高が高く涼しい砂地に住んでいたため、暑さには非常に弱いです。

Date

- **体重**　オス　35～45g
  　　　メス　30～40g
- **体長**　オス　7～12cm
  　　　メス　6～11cm
- **生息地**　カザフスタン、シベリア南西部など

濃い茶色で、
お腹が白いの
Color:ノーマル

Color：ホワイトパール
真っ白だけど
頭がグレーっぽい！

Memo

冬になると毛が真っ白に!?

ジャンガリアンの中には、冬になると毛が真っ白になる個体がいます。そのため、冬に購入したホワイトパールの子が、じつは違う色だった……というケースも。どうしても白い子が欲しいなら、冬以外の季節にお迎えしたほうがよいでしょう。

Before
After

ジャンガリアンハムスター

Djungarian Hamster

青みがかった
グレーが美しい！
Color：ブルーサファイア

Color：パイド
背中に真っすぐ
線が入ってるよ♪

Memo

気質は「ゴールデン」に近い！

ドワーフは一般的に、神経質でなれにくい個体が多いです。しかし、ジャンガリアンはおだやかな子が多く、気質はむしろゴールデンに近いのが特徴。飼育用品はドワーフを、接し方はゴールデンを参考にするとよいでしょう。

なれまっせ！

Roborovskii Hamster

複数で飼育ができることも！

ロボロフスキーハムスター

ロボロフスキーは、日本で一般的に飼育されるハムスターのなかで、もっとも小型な種類です。日本に輸入されたのは、1994年ごろ。性格は臆病で警戒心が強く、人間になれる子は少ないかも。手乗りにしたり、いっしょに遊ぶのは難しいですが、ハムスターのしぐさを観賞したい人にはおすすめ。相性しだいでは複数飼いも可能です。

Date

- 体重　15〜30g
- 体長　7〜10㎝
- 生息地　ロシア、カザフスタン東部など

見えるところは黄褐色、お腹は白だよ★
Color:ノーマル

Color：ホワイト
全身真っ白で
キュートでしょ♪

お顔だけ白いのが、
特徴なんだ～
Color：ホワイトフェイス

Djungarian Hamster

長いしっぽとスラッとした胴が特徴

チャイニーズハムスター

その名の通り、おもに中国に生息している種類です。ジャンガリアンよりも体がシュッと細長く、しっぽも長いため、ねずみに似た外見をしています。非常にすばしっこく、脱走には注意が必要。性格は個体差が大きいですが、おだやかな子も多いよう。日本には1981年ごろに輸入され、ドワーフの中でもっとも長く飼われています。

Date

- 体重　オス　35～40g
  　　　メス　30～35g
- 体長　オス　11～12cm
  　　　メス　9～11cm
- 生息地　中国北西部、モンゴルなど

Color:ノーマル

シュッと長い
ボディがミリョク!

Color：パイド
目がぶどう色
なんだ！
まだらな
模様が入るよ！
Color：イエロー

Djungarian Hamster

ちょっぴり神経質で上級者向け

キャンベルハムスター

見た目がジャンガリアンとよく似ていることから、亜種ではないかともいわれています。ジャンガリアンよりもカラーバリエーションが豊富。性格はとても神経質で、かみグセがある子も多いため、上級者向けの種類といえます。ジャンガリアンとの繁殖が可能です。

Date

- 体重　オス　35～45g
  　　　メス　30～40g
- 体長　オス　7～12cm
  　　　メス　6～11cm
- 生息地　ロシア、
  　　　　モンゴルなど

Breeding Report
飼育レポート❶

お迎えしていろいろなことを教わった

職業は、ドッグトレーナーだというＣｈｉａｋｉさん。いっしょに暮らすなら犬！　と決めていたそうですが、息子さんの「ハムスターが飼いたい！」という熱意に折れ、お迎えを決意しました。
「ハムスターと暮らすのははじめてだったのですが、すぐにメロメロになってしまいました。リボンの生活時間帯は夜なので、むしろわたしのほうが合うんです。息子は寂しそうですが（笑）」

それでも、息子さんもいっしょにお世話をがんばっています。小さなリボンちゃんをお迎えしたことで、息子さんの「生きものを大切にする」、「相手のペースに合わせて、忍耐強く接する」という点が育まれたそう。Ｃｈｉａｋｉさんにならってリボンちゃんに優しく接する息子さん。これからも、リボンちゃんと仲よくしてね。

お世話はChiakiさんと息子さんのふたりが担当。手づくりケージの上部に設置した大きな扉から、フードの交換やそうじを行っています。

ハム'Data

リボンちゃん

ゴールデン（キンクマ）の女の子。命名は息子さん。ものおじしない性格で、取材陣を前にいろいろな表情を見せてくれました。

部屋を散歩させるときは、サークル代わりのダンボールですき間をしっかりふさいで安全を確保しています。お散歩前に、お部屋を片づける息子さん。

食事はペレットと野菜が基本。写真は、好物のにんじんをほお張るリボンちゃん！

昼間は、前面にお手製のカーテンをつけて薄暗くしています。

ケージは衣装ケースを改造。前面に大きな扉をつくっています。

ハムスター用の
小さな出入り口！

リボンは…
ミタ！

ハムスターあるある（生態編）

［ 予想以上に激しいです ］

［ 自慢のほお袋！ ］

Part 2

ハムスターをお迎えしよう

お迎えの前に

ハムスターを迎える前の心がまえ

ハムスターの命を預かる覚悟をもとう

ハムスターは数千円で購入でき、ほかの動物にくらべ生活スペースも非常にコンパクトです。また、大きな声で鳴くこともなく、毎日きちんとそうじをすればにおいも気にならない程度。共に暮らせば、愛くるしい姿やかわいいしぐさに、家族みんなが癒されるはず。

しかし、生きものを迎え、命を預かる以上、安易な気持ちで迎えるのはNGです。まずは、適切な飼育環境を用意できるか、毎日きちんとお世話ができるか考えてみましょう。さらに、ハムスターが夜行性で、一般的に人間とは生活スタイルが真逆であることも考慮する必要があります。

1
ハムちゃーん
スヤァ
2
ハムちゃん寝てるんだから起こしちゃダメよー
はーい
3
その夜
あら
おはよう
4
大人のほうが生活時間帯が合うのよね
子どものために迎えたんだけど…

お迎え前の心がまえをチェック

ハムスターが過ごしやすい環境を用意できる?

(→48ページ)

ハムスターを迎える前に、必要なグッズを一通りそろえましょう。また、臆病なハムスターが安心できるよう、ケージを静かな場所に設置できるか、温度・湿度管理を徹底できるかなども確認してください。

毎日きちんとお世話ができる?

(→64ページ)

ほかの動物とくらべて手間はかかりませんが、食事やトイレのそうじ、健康チェックは毎日行う必要があります。毎日ハムスターのお世話をする時間がもてるかシミュレーションしましょう。

信頼できる動物病院を見つけている?

(→114ページ)

ハムスターは、病気の進行がとても早い動物。また、ハムスター自身が弱いところを見せないよう病気を隠すので、気づいたら手遅れ、というケースも。ハムスターを安心して任せられる動物病院を探しておきましょう。

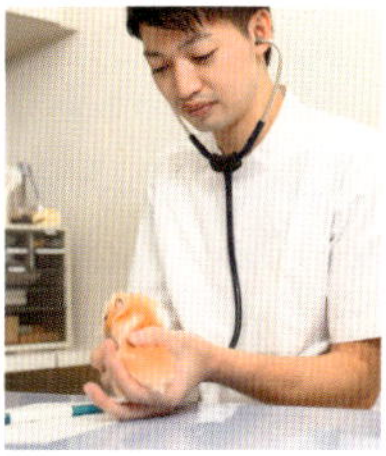

金銭的な余裕はある?

飼育グッズをそろえる費用、夏・冬の温度を調整するためのエアコン代、万が一病気になったときの診療代など、お金が必要になる場面はどうしても出てきます。いざというときに困らないように準備しましょう。

大切にしてね♪

注意!

アレルギーに気をつけて!

ニュースになったこともありますが、まれに、ハムスターにかまれることで起こる、アレルギーをもつ人がいます。「アナフィラキシーショック」と呼ばれるアレルギーで、吐き気や腹痛、けいれんなどの症状が見られ、最悪の場合死に至ることも。とくに、もともとアレルギー体質の人や、免疫力が低い乳幼児や高齢者は注意が必要。心配な人は、事前に病院で検査を受けましょう。

毎日お世話が
必要だよ!

＼選び方／

運命のハムスターに出会うには？

お迎え後のことを考えて運命の子を選ぼう

いよいよ運命のハムスターに会いに行きましょう。琴線にふれたハムスターを迎えるのがいちばんですが、お迎え後の生活を考え、ある程度種類を絞りこんでおくと選びやすくなります。

ここでは、選ぶときの目安になる5つのポイントを紹介します。優先順位を決め、我が家に最適なハムスターをお迎えしてください。

なお、２０１３年の法改正で、飼い主さんが生体を購入する際の「対面販売・現物確認」が義務づけられました（購入者が動物取扱業登録を受けている場合を除く）。かならずショップに赴き、ハムスターを実際に見て決めましょう。

Point 1 体の大きさから考えよう

サイズによって、必要な飼育スペースが変わる

ゴールデンとドワーフをくらべると、体長は約2倍、体重は約3倍、ゴールデンのほうが大きいです。必然的に、ゴールデンのほうが広いケージが必要になります。中に設置する回し車や巣箱も体に合った大きなものを用意しなければならないため、広さ・高さともに十分な広さのケージを用意しましょう。

大きい子がいい！

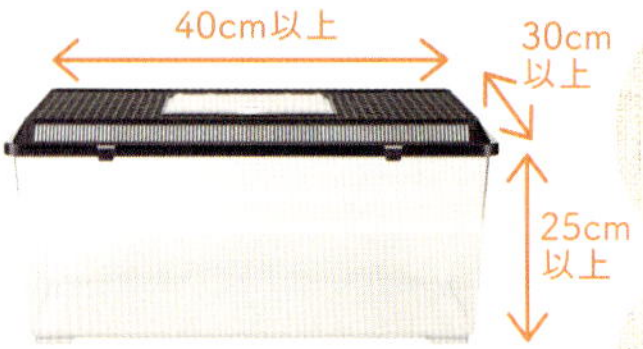
40cm以上
30cm以上
25cm以上

床面積はもちろん、巣箱などに登って立ち上がったときに、天井にぶつからない高さのものを用意して。

ゴールデンハムスター

小さめの子がいい！

ドワーフハムスター

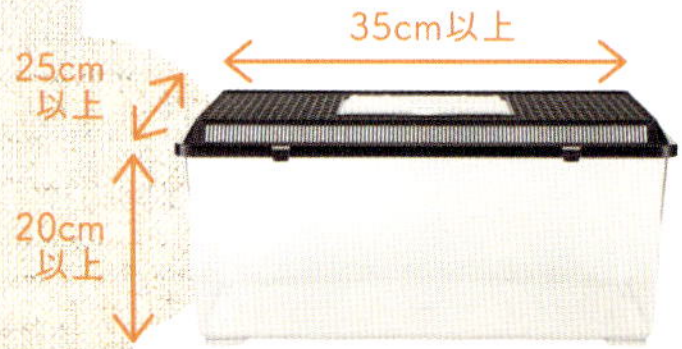
35cm以上
25cm以上
20cm以上

やや小さめのサイズでもＯＫですが、夜中の運動量は多いため、回し車の設置は必須です。

Point 2 性格の傾向から考えよう

個体差はあるが、種類によって性格に違いが

ハムスターは、基本的に臆病で警戒心が強い動物です。しかし、種類によって、おっとりしている子が多い、神経質な子が多いなど、性格に多少の傾向がみられます。もちろん個体差が大きいですが、傾向を知ると、コミュニケーションのとり方や接し方の方針を決めるのに役立ちます。

手乗りにしたい！

ゴールデンがおすすめ。比較的なれやすく、手乗りにできることも多いです。ジャンガリアンも、ドワーフの中ではもっともなれやすい傾向があります。

ゴールデン

ジャンガリアン

ロボロフスキー

見て楽しみたい！

ジャンガリアン以外のドワーフは、警戒心が強くすばしっこい個体が多いため、観賞専用と考えて。小さな体が見せる愛らしいしぐさを楽しみましょう。

キャンベル

チャイニーズ

Point 3 性別から考えよう

性別によって性格に若干の傾向がある

オスとメスでは、なわばり内で担っていた役割が異なります。そのため、種類と同じく多少の傾向がみられます。たとえばオスはなわばり意識が強く、好奇心旺盛な反面、ストレスを感じやすいです。メスは子どもを育てていたためか、気が強く、新しい環境などにも比較的なれやすいです。

Point

4 飼育スタイルから選ぼう

どうしても多頭飼いしたい場合は条件を整えて

ハムスターは、なわばり意識がとても強く、1匹につきひとつの巣穴をもちます。そのため、多頭飼いは基本的にＮＧ。ですが、ロボロフスキーだけは、❶メス同士である、❷子どものころからいっしょに飼うなどの条件が整い、相性がよければいっしょに飼えることもあります。

Point

5 カラーや毛質から選ぼう

カラーや毛質は個人の好み。琴線にふれる子をお迎えして

ハムスターはカラーバリエーションがとても豊富で、毛質もさまざま。25ページから紹介した以外にもバリエーションはあるので、ショップなどで実際に見て決めて。右で紹介するのは、カタログには掲載していないゴールデンの一部です。

カラーは
飼い主さんの好みでOK!

ハムスターの
毛質、カラーはいろいろ！

サテンは
つやつやの毛！

クリームバンデット
サテン（長毛）

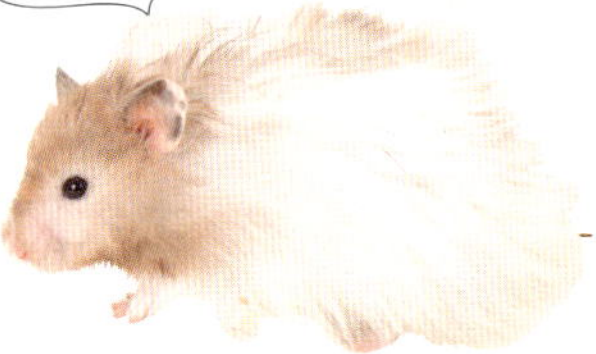
味わいの
ある色でしょ♪

セーブル サテン
（長毛）

くすんだように
見える色だよ

セーブル
バンデット

キラキラの
毛がきれい！

セーブルバンデット
（長毛）

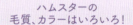

信頼できる場所から お迎えしよう

ハムスターはペットとして人気が高い動物です。そのため、小動物専門店、総合ペットショップ、ホームセンターなど、購入できるルートも豊富。実際にお店に足を運んで、飼育環境が適切か、ハムスターが健康か（↓46ページ）などを確認し、信頼できる場所でお迎えしましょう。そのほか、個人からゆずり受ける方法もあります。

小動物専門店

店員さんが小動物の専門家なので、購入後に相談にのってくれることもあります。購入時にフードや飼育環境について相談してみましょう。また、自家繁殖を行っているショップも多いので、めずらしい種類やカラーのハムスターがいることも。

総合ペットショップ

犬や猫など、ハムスター以外の動物といっしょに売られています。ゴールデンやジャンガリアンなど、比較的ポピュラーな種類が売られていることがほとんど。バラエティに富んだケージや飼育グッズを販売しているショップも多いので、1からそろえるのに最適。

個人からゆずり受ける

ブリーダーや、自家繁殖によって里親を探している知人などが考えられます。「動物取扱業者」の資格を持っていない場合、基本的に金銭が発生するやり取りはNG。いずれにせよ、生きもののやり取りになるので、信頼できる相手かをきちんと判断して。

Check!

「動物取扱業者標識」を確認しよう！

生きものを販売するお店では「動物取扱業登録書」の掲示が義務づけられています。これがない場合、動物愛護管理法に違反している、環境省非公認のお店です。購入前にかならず確認しましょう。

動物取扱業者標識

1 氏名又は名称	
2 事業所の名称	
3 事業所の所在地	
4 動物取扱業の種別	
5 登録番号	
6 登録年月日	年 月 日
7 有効期間の末日	年 月 日
8 動物取扱責任者	

選び方

健康なハムスターを見きわめよう

ハムスターが活発な夕方に会いに行こう

元気なハムスターを迎えるには、①ハムスターの行動を観察する、②健康チェックを行う、③ショップの飼育環境を確認する、の３つが重要です。

そのためにも、ハムスターを見に行くのは夕方がベスト。昼間はほとんどのハムスターが寝ているため、行動を観察するのが難しいからです。また、お店に行ったら変なにおいがしないか、水やフードは適切なものが与えられているかなど、しっかり確認しましょう。

なお、お迎えの季節は春か秋がベスト。夏や冬はハムスターが体調をくずしやすく、温度管理などの工夫が必要になります。

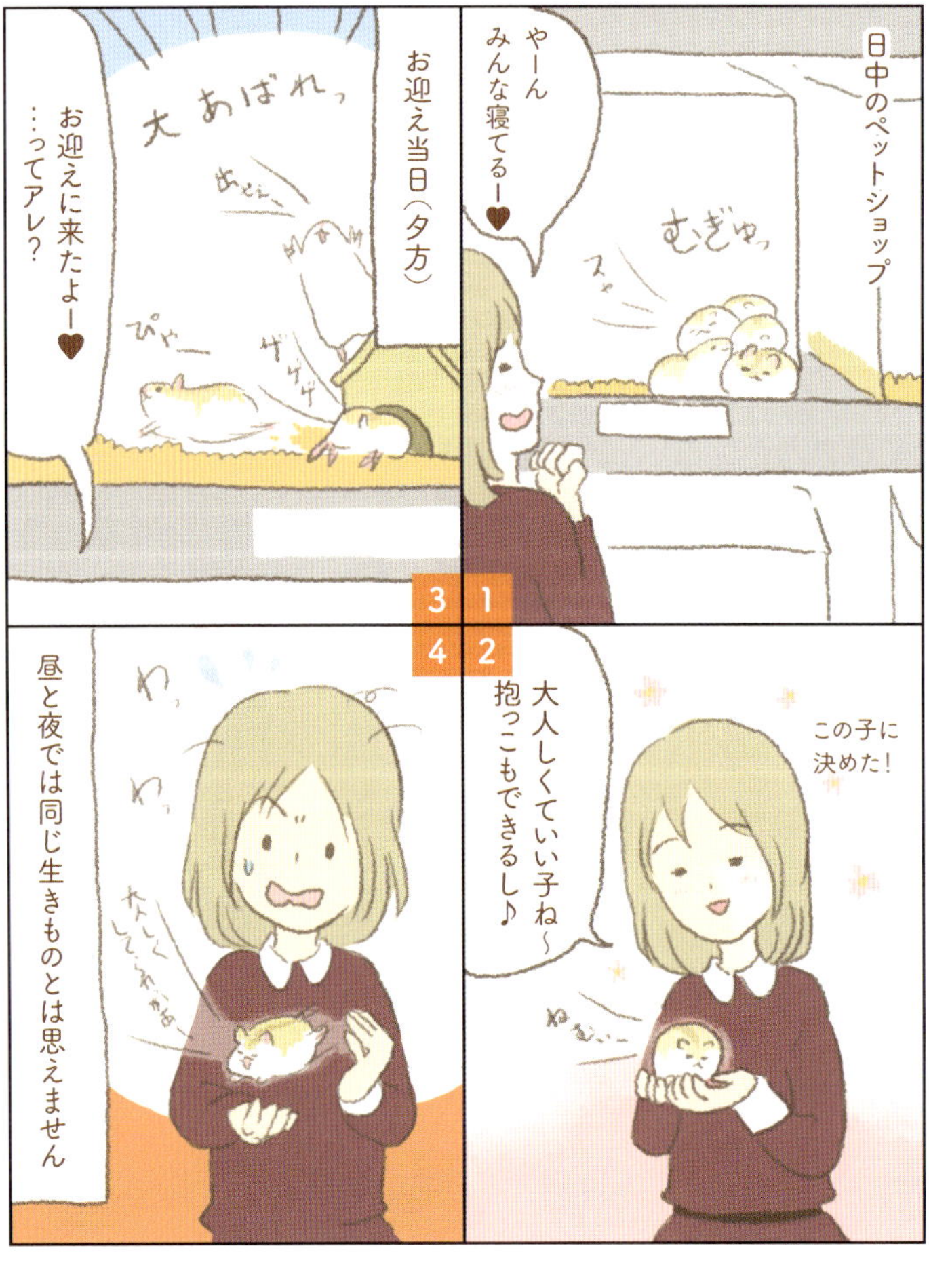

ハムスターのようすをチェック

ケージの外から見ているだけでは、十分な確認はしづらいもの。お店の人にケージから出してもらい、各部位をチェックしましょう。

毛並み
つやがあって毛並みがきれいか、脱毛や汚れ、フケがないかを確認しましょう。

耳
ピンと立っているか、耳が汚れていたりけがをしたりしていないかをチェック！

目
目やにが大量に出ていたり、涙で目のまわりがぬれている場合は注意が必要です。

鼻
鼻水が出ていたり、くしゃみをしている場合、細菌に感染している可能性も！

お尻
お尻やしっぽまわりがぬれている場合、病気で下痢をしているかも。かならず確認を。

足
つめが長すぎたり、地面につけない足がないか。前足が４本、後ろ足が５本そろっているかをチェック。

口
可能なら口の中も確認。歯が伸びすぎていたり、欠けていたり、かみ合わせが悪くないか。

ここもチェック!

生後何か月？

生後１か月半以内の子は、まだ体調が安定していません。生後どのくらいか、また誕生日がいつかを確認しておきましょう。

行動は？

昼間に寝ているのは当然ですが、夕方以降、ほかの子が動いていてもおとなしくしている場合、病気の可能性もあります。

人になれている？

手を差し出したとき、逃げ回ったり攻撃したりする子は、やや神経質な可能性が。手乗りにしたいなら、手を怖がらない子を選ぶと◎。

Check!

お店の人にいろいろ聞いてみよう

健康チェックで気になることがあったら、お店の人に確認しましょう。きちんと答えてくれるショップなら、安心してお迎えできます。また、お世話の方法やハムスターを診られる病院の情報も聞いておくと安心です。

種類と性別
ゴールデンのキンクマカラーを「キンクマハムスター」など、不正確な名前で売っていたり、聞いても性別がわからない場合、ハムスターにくわしくない可能性が。

性格
毎日お世話をしている人にしかわからない、ふだんのようすや個体の性格を聞いてみましょう。いっしょに暮らすイメージが想像しやすくなります。

必要なグッズをそろえよう

最低限必要な7点は事前に購入を

お迎えしたいハムスターを決めても、すぐには引き取らず、まずはハムスターを迎えられる環境を整えましょう。

ハムスター用として販売されているグッズは多々ありますが、最低限用意したいのは、左ページの7点。フード類は、ハムスターが今まで食べていたものを購入するのがベストです。引き取りのときに、ショップに確認して同じものを購入するのがおすすめです。

なお、グッズを選ぶときに気をつけたいのは、下記の4点です。大きさは、ハムスターの今のサイズではなく、大人になったときの体格を考慮して選びましょう。ハムスター専用グッズなら、「ゴールデン用」「ドワーフ用」と明記されているものがほとんどです。

飼育グッズの安全性は、〝ハムスターの目線〟でよく確認を。また、お世話は毎日するものなので、「そうじがしやすいか」も重要なポイントになります。

Check!

グッズ選びのポイント

次の4点は、グッズを選ぶときにかならず確認しましょう。

- ☑いっしょに暮らす種類に適した大きさか
- ☑そうじがしやすく、機能的か
- ☑丈夫で安全性が高い製品か
- ☑ハムスターにとって本当に必要なものか

必要なグッズリスト

きちんと準備してね♪

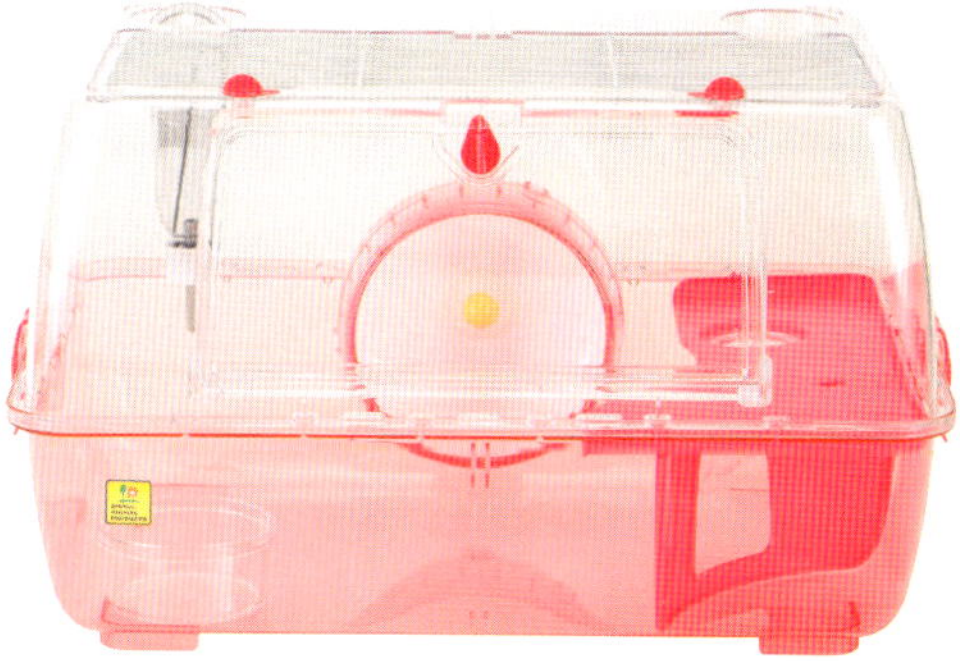

① ケージ（→50ページ）

ハムスターが暮らす「家」になります。小さな体ですが、運動量が多い動物なので、走りまわれる広さのものを用意しましょう。ゴールデンとドワーフでは必要な最低サイズが異なります。

② 床材

（→52ページ）

ケージの床に敷くもので、ハムスターの足裏を保護する役割をもちます。安全性が高く、ハムスターが口にしても問題ない素材のものを選びましょう。

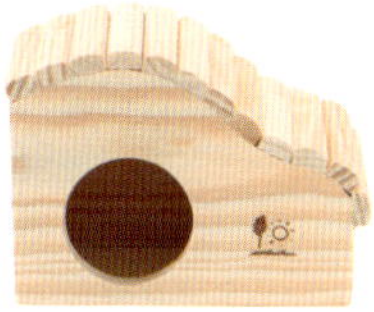

③ 巣箱

（→53ページ）

野生では、巣穴で暮らす生活をしていたので、ハムスターは体がすっぽり入る狭い場所を寝床とする習性があります。安心できるよう、巣箱を設置しましょう。

④ トイレ、トイレ砂

（→53ページ）

上手にしつければ（→82ページ）、トイレの場所を定め、そこでオシッコをする習慣をつけることができます。専用のトイレとトイレ砂を用意しましょう。

⑤ フード入れ

（→54ページ）

ペレットなど、フードを入れる容器です。エサを床材の上に直接置くと不衛生なので、準備しましょう。ハムスターが引っくり返せない重めのものが◎。

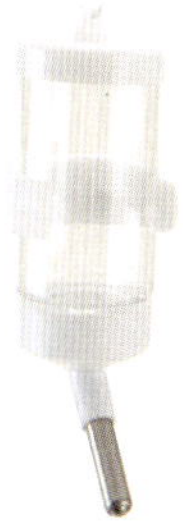

⑥ 水入れ

（→54ページ）

お皿だと引っくり返してハムスターがぬれてしまうことがあるので、給水ボトルを用意するのがベスト。用意したケージに問題なく取りつけられるか確認を。

⑦ 回し車

（→55ページ）

ハムスターは、1日に数キロ走るといわれるほど、運動量が多い動物です。回し車を用意して、ハムスターが好きなだけ走れるよう環境を整えましょう。

グッズ①

ケージ

安全性、保温性を考慮して選ぼう

ケージにはさまざまなタイプがあります。すべてのタイプにメリット、デメリットはありますが、初心者におすすめなのは、比較的安価に購入でき、安全性が高い水槽タイプです。金網タイプは、通気性にすぐれるものの、やや安全性に不安が見られます。

そのほか、衣装ケースをケージ代わりにする方法もおすすめ。ただし、脱走しないよう十分注意を。爬《は》虫類《ちゅうるい》ケージは非常におすすめですが、やや高価なのが難点です。

それぞれのケージの特徴を知り、理想に近いものを選びましょう。

水槽タイプ

Check!

はじめは小さめのケージが◎

ハムスターは、基本的にケージが広ければ広いほど喜びます。しかし、お迎えしてすぐにに広すぎるケージに入れると、ケージの"外"への興味が薄れ、飼い主さんに関心を抱きづらくなることも。最初は小さめのケージに入れてなれさせ、その後、大きめのケージに移動させるとよいでしょう。

メリット

- 保温性が高く、冬は暖かい
- 床材がケージの外に散らばらない
- ケージをかじる心配がない
- 外部の音が中に届きづらい

デメリット

- 風通しが悪いため、夏は暑すぎることも
- 湿気やにおいがこもりがち

金網タイプ

ハムスター用としてもっともポピュラーな金網ケージ。網目が縦のものだと、顔を傾けてかじるため歯への負担が大きいので、横目のものを選んで。

◯メリット

- 風通しがよいため、夏はすずしい
- 軽くて持ち運びしやすい

×デメリット

- 金網をかじって歯を痛める可能性がある
- 天井部分までよじのぼってしまい、落下してけがをするおそれがある
- 床材がケージの外に散らばりがち
- 風通しがよいため、冬は寒すぎることも
- 外部からの音が中に届きやすい

衣装ケース

大型の衣装ケースを改造すれば、立派なケージになります。通気性をよくするために上部を切って網にしましょう。前面に窓をつけるとなお◎。

◯メリット

- 衣装ケース自体は比較的安価で購入できる
- 広いスペースを用意できる
- ケージをかじる心配がない
- 外部の音が中に届きづらい

×デメリット

- 改造の手間がかかる
- 風通しが悪く、湿気がこもりがち
- きちんと改造しないと、脱走などの危険も

爬虫類ケージ

水槽ケージに近いですが、上部がメッシュなどになっていて、前面に扉がついているのが特徴。安全性、保温性にとてもすぐれており、イチオシです。

◯メリット

- ケージをかじる心配がない
- 外部の音が中に届きづらい
- 前面に扉があるため、ハムスターと同じ目線でお世話できる
- 鍵などがついているものが多い

×デメリット

- ケージ本体が比較的高価
- 中面にシリコンなど、かじってはいけない素材が使われているものも

グッズ②

床材

ハムスターが喜ぶ床材を選ぼう

野生のハムスターは、土を掘ってできた穴に、土や草、葉っぱを運んで巣穴をつくっていました。この土や草、葉っぱの代わりとなるのが、床材です。ハムスターの足裏を保護するほか、掘って遊ぶ、もぐって温まる、巣箱に運んで保温材とするなどの役割をもちます。

床材の種類はいろいろ。アレルギーで一部の床材が使用できないことがあるので、慎重に選びましょう。

家にあるもの

新聞紙

細かく刻んで使います。保温性が高く、インクも害は少ないため使用しやすいです。ただし、インクで被毛が黒くなるケースも。

キッチンペーパー

細くちぎって使います。吸収性がよく、オシッコの異常にも気づけます。溶けない素材なので、床材を食べるハムスターには不向き。

市販の床材

ウッドチップ

木材を細かくしたもので、食べても安全！　針葉樹と広葉樹の床材があり、針葉樹のほうが、若干アレルギーのリスクが高いです。

ペーパーチップ

紙が原料の床材。水分を吸収しやすく、オシッコの異常や出血に気づきやすいメリットが。反面、つめが伸びやすいデメリットも。

注意！

危険な床材を知っておこう

床材として使用すると、ハムスターに危険をおよぼす可能性がある素材があります。

ティッシュペーパー

吸収性はよいのですが、薄いので、ハムスターが口に入れたときにほお袋に貼りついたり胃腸に詰まる危険性があります。

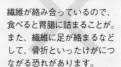

綿

繊維が絡み合っているので、食べると胃腸に詰まることが。また、繊維に足が絡まるなどして、骨折といったけがにつながる恐れがあります。

土

自然に近くよさそうですが、清潔を保ちづらく、細菌の繁殖の恐れが。色が濃いので異常にも気づきづらいため△。

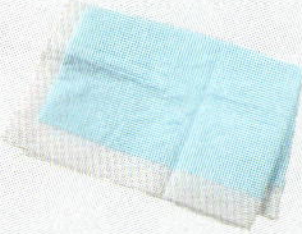

ペットシーツ

ペットシーツに含まれる給水ゼリーは、かじって食べると体内で固まって命の危険が。絶対使わないで！

グッズ③
巣箱

いろいろな素材があるよ

狭くて落ちつける巣箱を用意しよう

巣穴で過ごしていたハムスターは、狭くて暗い場所に安心感を覚えます。ケージ内に巣箱を設置しましょう。なお、巣箱は屋根や底が外れるものがおすすめ。ハムスターが巣箱にこもってしまったとき、出しやすくなります。

Memo

家にあるものでも代用できる!

巣箱は、家にあるトイレットペーパーの芯や空き箱などでも代用できます。汚れたらすぐに交換できるのでらくちん!

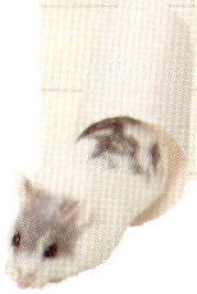

陶器製

細菌が繁殖しづらく、衛生的です。ひんやりしているので、夏の暑さ対策にも! ただし、トイレを覚えていない子だとオシッコが染みこむことが。

木製

温かみがあり、保温性にすぐれています。ハムスターがかじっても安全で、歯の伸びすぎを防ぐ効果にも。ただし洗いづらいので、汚れたら交換する必要が。

グッズ④
トイレ、トイレ砂

覚えられる子もいるよ♪

用意してトイレのしつけに挑戦しよう!

習性をうまく利用すれば、オシッコのしつけができることがあります。専用のトイレ容器や、トイレ砂が販売されているので、チャレンジしてみてもよいかもしれません。とくにゴールデンは、覚えてくれる子が多いようです。

? Question

砂場は必要?

ハムスターには、砂浴びして体を清潔にする習性が。砂浴び用の容器を用意すると喜びますが、なかには砂浴び自体をしない子やトイレで砂浴びする子も。ようすを見てそろえて。

Memo

トイレ用スコップ

汚れた砂を取り除く専用スコップがあると便利。小さめのスプーンでも代用できます。

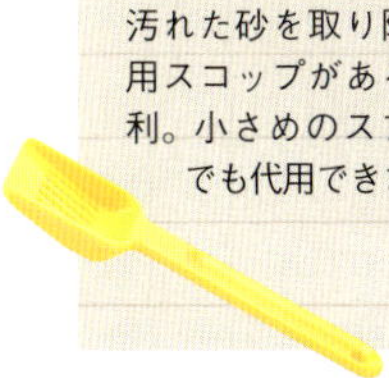

トイレ容器

オシッコが染みこまないプラスチック製か陶器製(素焼きではないもの)がおすすめ。屋根つきだと落ちついて排せつできます。

トイレ砂

砂には、固まるタイプと固まらないタイプが。砂を食べてしまう子の場合、胃の中で固まる危険があるため、固まらないタイプを選びましょう。

グッズ⑤ フード入れ

体格に合った食器を選ぼう

床材の上にエサを直置きにすると不衛生なので、フード入れを用意しましょう。ハムスターも、そこを食事置き場と覚えてくれます。

フード入れを選ぶときは、安定性があって引っくり返りにくいものを選びましょう。ハムスター専用のものなら、「ゴールデン用」「ドワーフ用」と明記されているので、体格に合ったものを選ぶことができます。なお、人間用の食器でも代用できますが、ある程度の深さがあり、清潔な材質のものを探す必要があります。

高さ

大きすぎると、ハムスターが体ごと中に入ってしまい、ウンチなどが入って不衛生です。体格に合ったものを用意しましょう。

材質

プラスチック製のものだと、かじって壊してしまうことがあります。傷がつきにくく、引っくり返しにくい陶器製がおすすめです。

グッズ⑥ 水入れ

ケージに合ったものを用意しよう

水はお皿に入れず、給水ボトルで与えます。用意したケージに取りつけられるタイプのものを用意しましょう。また、飲み口に不具合が出て、水がうまく出てこないことがあるので、毎日の水交換のときに、問題がないか確認してください。

Question

上手に飲めない子は?

体が小さいドワーフや、ショップではお皿で飲んでいた子の場合、給水ボトルでうまく飲めないことが。その場合は、小鳥用のボトルが便利です。

水を一定量貯めておけるので、引っくり返す心配もありません。

置き型

床材の上に直接置くタイプです。ケージを選ばずに使用できます。重さがあるので、倒れないよう床材の上ではなくケージに置いて固定して。

取りつけ型

ワイヤーがついていて吊り下げられるもの、吸盤で水槽に接着するものなどがあります。各々、ケージに合うタイプを選びましょう。

グッズ⑦
回し車

運動不足解消のためにかならず用意しよう

野生のハムスターは、一晩で数十キロ走ることもあります。運動不足はストレスにもつながるので、回し車を用意して思いっきり走らせてあげましょう。

回し車は、体のサイズに合ったものを用意するようにします。

ゴールデン用、ドワーフ用があるので、種類に合わせて選んで。走るときに体が反っている場合は、体格に合っていない可能性大。

注意！

はしご式の回し車はNG!

走行面にすき間があるはしご式の回し車は、足を引っかける危険性があるので避けて。足を引っかけると、骨折などのけがにもつながります。

そのほか

かじり木

かみたい欲求が強い子の場合、入れるとかじってくれることも。使用しない子もいるので、その場合は撤去してOKです。

キャリーケース

病院に行くなど、外出のときに使用します。そのほか、ケージを大そうじするときの避難場所にもなるので、早めに準備しましょう。

温湿度計

温度・湿度が両方測れるものを用意します。ケージの"内側"の温度が重要なので、中面に取りつけられるものがベストです。

キッチンスケール

体重や、フード量を量るために用意します。1グラム単位で計測できる、デジタルタイプのものが便利！

暖房グッズ＆冷却グッズ

夏、冬の温度管理に使用します。エアコンと合わせて使用すると、ハムスターが快適に過ごせます。

＼住みか／

ケージをレイアウトしよう

ハムスターが落ちつけるケージ環境を整えよう

必要なグッズをそろえたらケージに配置しましょう。まずは、床材を厚さ2〜3センチほど敷きます。巣箱、トイレ、フード入れ、給水ボトル、回し車は端のほうに設置し、中央にある程度スペースをつくりましょう。ポイントは、ハムスターが落ちつける環境を整えることと、運動できるスペースがあること。夏や冬は、ケージ内に温湿度計もセットしましょう。

さらに、ケージからの脱走防止対策も徹底します。出入り口は、カギをかけたり、ナスカンでロックを。プラスチック製のふたや扉の場合、ハムスターがかじってしまうことがあるので注意！

ケージレイアウト見本

Point1

トイレは巣箱とフード入れから離す

ハムスターは、寝床からもっとも遠い場所をトイレにする習性があります。また、トイレ砂がフード入れに入ると不衛生なので、こちらも離して設置しましょう。

Point2

高さのあるものを入れないように

高さがあるものを入れると、登ったときに天井に接触してしまいます。かじる、うんていする、脱走するなどの原因になるので注意しましょう。また、落下事故の危険もあります。

Point3

給水ボトルの設置場所に注意

給水ボトルは、ハムスターが飲みやすい高さに設置することが大切。高すぎて届かなかったり、低すぎて飲みにくそうにしていないか定期的にチェックしましょう。

Petit
飼育レポ

みんなのケージレイアウトを拝見!

気になるハム飼いさんたちのケージレイアウトをチェック!

茶太郎ちゃんのケージ(ぽんぽりさん宅)

茶太郎ちゃん

基本に忠実に、細かな気配りが詰まってる!

ハムスター専用ケージを使用。「基本に忠実」を意識しながら、給水器下に乾いたウエットタイルを敷いて垂れた水を吸収させる、つめとぎ用の素焼きハウスを入れるなどの工夫をしています。

めりちゃんのケージ(あお★さん宅)

めりちゃん

手づくりのカーテンつき!ウッドハウス風ケージ

ショップオリジナルのウッドハウス風ケージに、手づくりカーテンをセット! 回し車の下にあるお菓子の空き箱はエサの貯蔵庫になっており、週に1度の大そうじのときに箱ごと捨てているそう。

たみこちゃんのケージ(Sacchanさん宅)

たみこちゃん

衣装ケースを加工して。多頭飼いなのでシンプルに!

3匹と暮らすSacchanさん。お世話が楽なように、床材は新聞紙を使用。寒いときは、ハムスター自ら割いて巣材にします。トイレは猫用の紙砂で、血尿などの異常に気づきやすく、おすすめだそう。

麦ちゃんのケージ(まな。さん宅)

麦ちゃん

広々としたケージにトイレを2つ設置!

最大の特徴は、トイレを2つ設置していること。片方はトイレとして、片方はくつろぎスペースとして、ハムスター自身が選んで使用しているそう。北海道在住のため、暖かい木製の巣箱を愛用中!

＼住みか／

安全な場所にケージを設置しよう

ハムスター、飼い主共に負担がかからない場所に

ケージ内の環境と合わせて重要なのが、ケージの設置場所です。そのとき考慮したいのが、ハムスターの生活時間帯が、人間とは真逆であること。昼は、安心して眠れる静かな環境であることが、夜は逆に、ケージ内で元気いっぱい走りまわるので、飼い主さんにストレスがかからない場所であることが重要になります。

また、床に直置きすると振動が伝わったり、温度管理が難しくなります。床から1メートル以上の高さの、安定した棚の上などに設置すると◎。ただし、地震などでケージが落ちたり、棚が倒れたりしないよう対策しましょう。

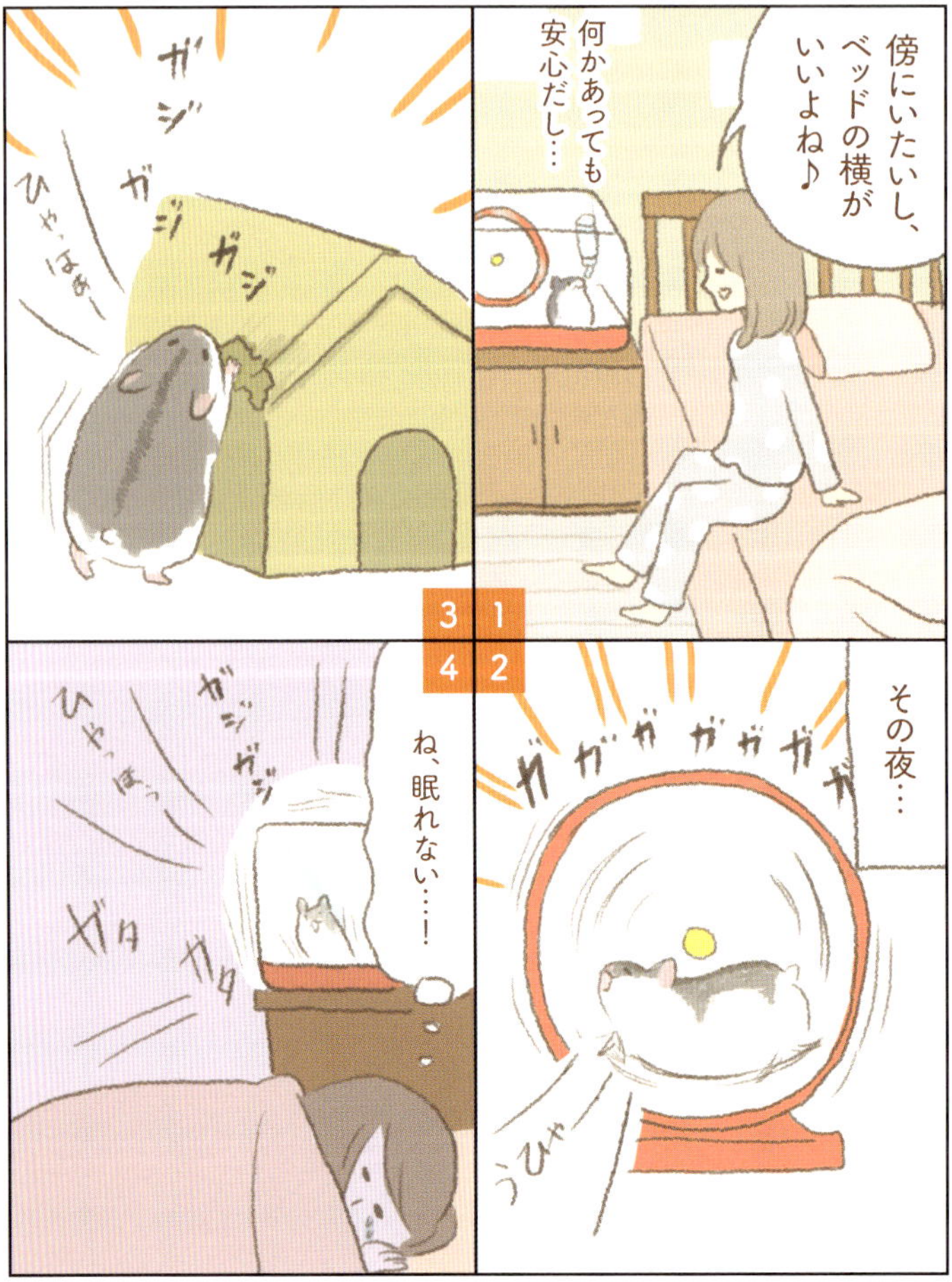

ケージの設置場所の例

ケージは棚やラックに置くのがベストです。
間接的に日の光が入るような場所がベスト。
ほかの動物が部屋に入らないよう徹底を！
温度管理が重要なので、エアコンがある部屋に。
昼間、AV機器など音が出るものは電源オフに。

Point 1
風通しがよく、直射日光があたらない場所

風通しがほどよく、1日を通して温度の変化が少ない場所がベスト。昼間は明るく、夜は真っ暗になる場所だと、ハムスターの体内時計が正常に働きます。窓のそばやエアコンの風が直接あたる場所は避けましょう。

Point 2
ほかのペットとは別の部屋に

犬や猫などのペットは、どんなにしつけをしていても、ハムスターを襲う危険性があります。においがするだけでもハムスターにとってはストレスなので、ケージを置く部屋には入れないで。

Point 3
出入り口など、人通りが多い場所から離れている

ドア付近など、人の出入りが多い場所ではハムスターが落ちつけません。テレビやラジオの近くも、音がストレスになるので避けましょう。睡眠中はとくに音に敏感になるので、昼間だれもいない部屋がベストです。

Point 4
部屋のすみが落ちつける

部屋の中央などに設置してしまい、全方向の視界がクリアだと、つねに注意を向けなければならなくなり、ハムスターが落ちつけません。ケージの二面、少なくとも一面は壁などに接していたほうがよいでしょう。

お迎え後

ハムスターとの最初の1週間

最初の1週間は家にならす期間

準備が万全に整ったら、いよいよハムスターをお迎えします。待ちに待ったハムスターとの生活、つい過剰にかまいたくなりますが、ハムスターは新しい家やにおい、人に囲まれ、びくびくしています。

お迎えしてから1週間は、ハムスターを環境になれさせる期間。ふれ合いたい気持ちをぐっとこらえ、まずは家が安全な場所であるとわかってもらいましょう。

ここでは、1週間のモデルプランを紹介します。ですが、なれやすさには個体差があり、すぐになれる子もいれば、何日も怯えている子もいます。ようすを見ながら、接していきましょう。

かまわずにそっとしておこう

ハムスターを迎えるとき、今まで過ごしていた場所のにおいがついた床材を分けてもらって。家についたらすぐにケージに移動させ、もらった床材をいっしょに入れます。初日はかまわず、そっとしておきましょう。

お世話は最低限でOK

ハムスターをかまうのはまだ早いです。食事や水の交換など、最低限のお世話のみ行いましょう。また、じっと見つめるとハムスターはストレスを溜めてしまいます。さりげなく観察して。

ようすを見ながらスキンシップ

ハムスターが飼い主さんのにおいを覚え、そろそろなれてくる時期です。ハムスターを観察し、落ちついているようなら、ケージ越しにフードやおやつをあげてみましょう。

Question

お迎えのタイミングはいつがベスト?

ハムスターの繁殖期は1年中のため、どの時期でもお迎えはできます。とはいえ、ハムスターと飼い主さん、双方の負担を減らしたいなら、「春か秋の夕方、お休み前」がベストです。

・季節は?

夏と冬は、温度管理、体調管理に手間がかかります。はじめてハムスターを迎えるなら、気候が安定している春か秋がおすすめです。

・時間帯は?

ハムスターが活発に動きまわる夕方以降がベスト。昼間は寝ている時間なので、なれない場所への移動はハムスターに負担がかかります。

・曜日は?

お迎え直後はハムスターが体調をくずしやすいので、何かあったときにすぐに対応できるよう、お休みの前にお迎えできると安心です。

手のひらをケージに入れてみよう

手渡ししても問題なさそうなら、フードを指にのせ、手のひらをケージに入れてみます。ハムスターが近づいてくるようなら、飼い主さんへの警戒が薄れている証拠です。

抱っこに挑戦しよう

フードを置く場所を少しずつ手の中央に移動させていきます。ハムスターが怖がっていないようなら、両手でそっと抱っこしましょう。そのまま手の上でフードを食べさせてみて。

いろいろなことにチャレンジ!

ハムスターがすっかり家になれたら、ケージから出したり、もう一歩踏みこんでスキンシップをとったりしましょう。また、動物病院に健康診断に行くことも検討してみて。

ハムスターあるある（お迎え編）

[我が子は大物かも!?]

[ぎゅうぎゅうが、スキ♥]

Part 3

毎日きちんとお世話をしよう

毎日やるべきお世話って？

毎日のお世話は活動時間帯に合わせて

ハムスターは夜行性の動物なので、昼間は寝ていて、活動するのは夕方以降。毎日のお世話は、ハムスターが活動しはじめる時間に行うのがベストです。

　基本は、そうじ、食事、健康チェックの3つ。お世話は、毎日同じ時間帯にするほうがよいでしょう。そうすることで、食事や水の減り具合、排せつ物の量などで、ハムスターの体調の変化に気づきやすくなります。ただし、「○時にかならずお世話する！」とガチガチになりすぎると、飼い主さんにとってお世話が負担になってしまいます。2～3時間の誤差であれば問題ありません。

毎日やりたいお世話リスト

✓ そうじをする（→76ページ）

ハムスターはきれい好き。フード入れ、給水ボトル、トイレは毎日そうじして、清潔にしましょう。床材は、汚れているところだけ取り除けばＯＫです。

✓ 食事を与える（→66ページ）

食事と水は、１日１回、できるだけ同じ時間に適切な量を与えるようにします。前日の食べ残しや飲み残しはそのままにせず、取り除いて新鮮なものを与えましょう。

Check!

ときどきは体のお手入れも

ハムスターは毛づくろいをして自分で体のお手入れをするため、ブラッシングは不要です。ただし、毛づくろいできない部分が汚れていたら、ぬらして固く絞ったタオルでやさしく拭きましょう。つめが伸びているとけがの原因になるので、こまめにチェックして。

きれいにして～!!

✓ 健康チェックをする（→80ページ）

お世話をしながら、いっしょに健康状態もチェックしましょう。食事の量やウンチとオシッコの状態、体重、全身をチェックするほか、ふらついていないかなど、動作に問題がないかも確認を。

長毛種は毛玉の確認も！

スキンシップしながら楽しくお世話しよう！

毎日のお世話タイムは、ハムスターとスキンシップをとれる時間でもあります。お迎え当初は警戒しているハムスターでも、毎日お世話をし、「おいしいごはんをくれる人！」と認識してもらえれば、グッと距離が縮まるはず！　お世話のときは、次の3つのポイントを意識しましょう。

❶お世話の前に、やさしく名前を呼びましょう。「この声が聞こえたらごはんが出てくる！」など、ハムスターが生活パターンを組みやすくなります。

❷お世話の時間に、手にならす練習（→100ページ）も行いましょう。上手にできたらおいしいおやつをあげて。

❸だらだらケージ内をさわると、ストレスになります。できるだけ手早く終わらせましょう。

食事の基本

栄養バランスのよい食事を知ろう

健康を守るために毎日の食事管理を！

ハムスターは、草食に近い雑食性の動物です。野菜、くだもの、種子類をはじめ、野生では昆虫を食べることもあります。しかし、なんでもおいしそうに食べるからといって、量を考えずに与えてしまうと、肥満や病気を招くことにもつながりかねません。肥満が万病のもとというのは、人間もハムスターも同じです。

毎日の食事は、ハムスター専用のペレットと、新鮮な水が基本。毎食きちんと量って、適正量をできるだけ同じ時間帯に与えるようにしましょう。それ以外の食べものはあくまでもおやつとして、少しだけ与えます。

ハムスターに与えたい食事

毎日あげたい主食

- ペレット

ハムスターに必要な栄養を配慮してつくられた、専用のフードです。基本的には、ペレットと水だけを与えていればＯＫ。種類が多いため、大きさや固さ、含まれる栄養成分などをよく確認してから選びましょう。

ときどきあげたいおやつ

- 野菜やくだもの
- 穀類
- 種子
- 動物性たんぱく質

ハムスターはおやつが大好き。とはいえ、与えすぎは肥満や栄養バランスの乱れの原因に。スキンシップ、食欲不振のときなど、目的や体調に応じて少量を与えましょう。

Check!

水は毎日取り替えよう

ハムスターはもともと砂漠で暮らしていたため、大量の水を飲むわけではありません。ですが、1日に1回（夏は2回）は交換し、新鮮な水をつねに飲める状態にしておいて。1日の飲水量の目安は、ゴールデンで10〜30㎖、ドワーフで5〜8㎖ほどです。ミネラルウォーターは膀胱結石などの原因になるのでＮＧ！

ハムスターの主食 ペレット

栄養バランスにすぐれたメインのごはん

　ペレットは、さまざまな食材を粉末にして固めた、固形フードです。繊維質が豊富に含まれるほか、種類によっては酵母や野草などが入っているものもあります。ハムスターに必要な栄養素がバランスよく配合されているため、食事は基本的にペレットと水を与えていればOKです。

　ペレットは湿気に当たると悪くなってしまうので、開封したら、密閉容器に移し替え、乾燥材を入れて保存するのがおすすめ。直射日光を避け、湿気が少ない場所で保管しましょう。

主食はハードタイプのペレット

歯の伸びすぎを防ぐ固いペレットを選ぼう

　市販されているペレットには、「ハードタイプ」と「ソフトタイプ」があります。ハムスターは、食べながら歯を削る性質があるので、ほどよい固さがあるハードタイプのペレットがおすすめです。ソフトタイプのペレットは食べやすいので、闘病中や老齢のハムスターには向いていますが、歯が伸びすぎるのを防ぐ効果がないため、元気なハムスターにはあまり適しません。

ゴールデンハムスターは…

サイズが合えば、大粒タイプのものを与えましょう。大きく固いものは歯の病気予防にも効果的です。

ドワーフハムスターは…

大粒タイプを食べる子もいますが、食べにくそうな場合、小粒タイプのものを選んでもよいでしょう。

Check!

ミックスフードは避けて

ペレットやひまわりの種、乾燥野菜が入った「ミックスフード」も売っていますが、主食には適しません。ハムスターは嗜好性が強いため、より好みしてペレットを残してしまうことがあるからです。

栄養バランスのよいペレットを見きわめて

たくさんの種類の中から最適なペレットを見つけよう

市販されているハムスターのペレットは種類が多く、粒の大きさや固さ、含まれている栄養成分などがメーカーによって異なります。どのペレットが適しているのか、パッケージの成分表を確認し、よく吟味して選びましょう。製造年月日や消費期限なども忘れずにチェックしてください。

ペレット選びのポイント

ハムスター専用か

リスなど、ほかの小動物と兼用できるものもありますが、ハムスター専用のペレットのほうが安心。さらに、ペットフード公正取引協議会が定めた栄養基準をクリアしている「総合栄養食」を選びましょう。

製品の仕様は適切か

肥満気味のハムスターに向けたダイエット用ペレットや、健康食品のアガリスクを配合したものなど、さまざまな製品が市販されています。効果の根拠をしっかり確認し、安全と判断できるものを購入しましょう。

消費期限に余裕はあるか

見落としがちなペレットの消費期限も忘れずに確認を。また、開封したものは賞味期限内でも劣化して、味が落ちてしまうことがあります。1か月程度で与えきれる量を購入しましょう。

栄養のバランスがよいか

ペレットに含まれている栄養成分は、パッケージに表示されている「保証成分」を見ればわかるようになっています。下記の表は、理想的な栄養素の割合の目安なので、購入の際の参考にしてください。

必要な栄養素の割合（目安）

粗たんぱく質	18%
粗脂肪	5%
粗繊維	5%
粗灰分	7%

きちんと選んでね！

ペレットはルールを守って与えよう

適正量をきちんと量って食べきれる量のペレットを与えよう

ペレットは、できるだけ毎日同じ時間に、適正量をきちんと量って与えるのがルールです。食べたいだけ与えてしまうと、カロリーオーバーでまたたく間に太ってしまいます。ハムスターに必要な１日の食事量は、体重の５～10％ほどが目安。たとえば、体重100gのゴールデンなら、ペレットは５～10g程度、体重40gのジャンガリアンの場合、ペレットは２～４gほどとなります。なお、おやつを与える際は、その分ペレットの量を少なめにするなどの調整を。

Check!

食事量が適正かこまめに確認を

ペレットの適正量には個体差があります。ハムスターの体重に大きな変動が見られる場合は、量を見直すことも必要。毎日体重を量り、その都度調整しましょう。なお、ペレットは感覚ではなく、キッチンスケールなどを使って正確なグラムを測ってから与えましょう。

ここに注目！

食べ残しはしていない？

フード入れが空でも、巣箱に隠していて食べていない可能性があります。こまめに巣箱をチェックして。また、あまりにも食欲がない場合は病気の疑いがあります。

体重に変化はない？

目安の範囲内でも、体重が急激に増えたり減ったりするときは、ペレットの量が体に合っていないのかもしれません。適正体重か、獣医さんに相談してみてください。

食いつきは悪くなってない？

これまで食べていたペレットを食べない場合、ペレットが古くなって味が落ちた、量が多すぎるなどが考えられます。また、不正咬合（→127ページ）の可能性も。

おやつはあくまで「おまけ」として

コミュニケーションの手段として活用しよう

野菜やくだもの、種子類などのおやつは、嗜好性が高いので、ハムスターは好んで食べたがります。しかし、欲しがるままに与えてしまうのはNG。おやつだけでおなかがいっぱいになると、主食であるペレットを食べなくなり、栄養不足になってしまいます。また、おやつは高糖質・高脂質・高カロリーのものが多いため、肥満を招き、病気の原因になることも。

おやつは、コミュニケーションの手段など、目的に応じて与えて。1日のおやつの総量は、体重5～10％の食事量のうちの、1割以下にとどめましょう。

おやつを与えるときのポイント

量はごく少なく

人間から見ればほんのひとかけらのおやつでも、体の小さいハムスターにとっては大量。ハムスターの大きさを考慮して、おやつの量はごくごく少なめにしましょう。チーズやくだものなら、数ミリ角で十分です。

ほんとはいっぱい
食べたいけど…

水分が少なく、固いものがベスト

水分が多いものを食べすぎると、下痢を起こすおそれがあります。たとえば同じ野菜を与える場合も、レタスよりきゃべつがおすすめ。また、極力固いものを選びましょう。

△…
◎!
レタス
きゃべつ

注意！

ハムスターの肥満に気をつけて！

肥満は万病のもと。肥満を防ぐには、毎日の体重チェックが重要です。太らせてしまったら、食事の量や内容を見直したり、運動量を増やしたりするなど生活習慣の改善が必要になります。自己流ダイエットは危険なので、まず獣医師に相談しましょう（→118ページ）。

太るのは
よろしくない！

おやつは手から与えるとベスト

ハムスターが大好きなおやつを手から与えることで、飼い主さんのにおいを覚えて、人間の手はこわくないものと認識します。なれてくれば手の上で食べるようにも！

ハムスターのおやつ①
穀類

小粒で食べやすく ミネラルが豊富

野生のハムスターは、主食として植物の種を食べています。そのため、ハムスターにとって穀類は、おやつとしてなじみがあります。

穀類とは、ヒエ、アワ、キビ、トウモロコシ、麦などのイネ科の種のこと。低脂肪でビタミンやミネラルが豊富。さらに、小粒なので体が小さいドワーフも食べやすく、少しの量で十分栄養がとれます。ハムスターの好物なので、食欲がないときに与えてもよいでしょう。とくにおすすめなのが、さまざまな穀類がバランスよく入っている小鳥のえさです。

おすすめの穀類

コーン

乾燥させたトウモロコシ。カロリーが低いため、肥満気味のハムスターも安心して食べられます。固いので、歯の伸びすぎを防ぐのにも役立ちます。

えん麦

食物繊維が豊富でビタミンやミネラルなどを補うことができます。しかし、ヒエやアワに比べると脂肪分が多くなります。オーツ麦とも呼ばれています。

小鳥のえさ

ヒエ、アワ、キビ、カナリーシード、麦などが配合されており、栄養バランスにすぐれています。できるだけ着色されていないものを選びましょう。

ハムスターのおやつ②
油種子

高脂肪・高カロリー 与えすぎには注意！

ハムスターが大好きな、ひまわりやかぼちゃ、ピスタチオなどの種子は、油種子と呼ばれ、脂肪分が多く含まれるのが特徴です。ビタミンやたんぱく質が豊富ですが、カロリーも高いので、あげすぎると肥満の原因に。妊娠時や病後の体力をつけたいときに与えるとよいでしょう。

おすすめの種子

ピスタチオ

カリウム、ミネラル、ビタミンB_6が豊富に含まれています。固い殻を破って食べることで、歯が伸びすぎるのを防ぐことにも役立ちます。

かぼちゃの種

たんぱく質、ミネラル、ビタミンEが豊富。家庭で食べたかぼちゃの種を捨てずに洗って乾燥させれば、自家製おやつをつくることもできます。

ひまわりの種

ハムスターが大好きなひまわりの種は、たんぱく質、カルシウム、ビタミンB群・Eなど栄養豊富。殻ごと食べることもあるので、無農薬のものを選んで。

ハムスターのおやつ③

野菜

野菜に
囲まれて♥

新鮮な野菜は水分補給にも活用

野菜は、野生のハムスターが日常的に食べている植物に近いため、安心して与えられるおやつ。栄養補給だけでなく、水分補給にも役立ちます。なかでも、ビタミンたっぷりの緑黄色野菜はイチオシ！よく洗い、水分をしっかりと拭き取ってから与えましょう。

なお、水分が多い野菜をあげすぎると、下痢のおそれがあります。また、ほうれん草などに含まれるシュウ酸は、カルシウムと結びつくと結石の原因になるので、与えすぎに注意。シュウ酸は加熱すると大部分を取り除けます。

おすすめの野菜

種も乾燥させて
与えよう！
かぼちゃ
ブロッコリー
かぶ（葉）
にんじん
きゃべつ
小松菜
シュウ酸が
多いので
あげすぎ注意！

ハムスターのおやつ④

くだもの

甘いくだものはごほうびに最適！

くだものは繊維質が多くビタミンも豊富。反面、糖分が多くカロリーも高いので、食べすぎは肥満の原因に。水分も多いため下痢を起こすおそれもあります。砂漠で暮らしていたハムスターには、くだものを食べる習性がないのです。

とはいえ、くだものの甘い香りと味は、ハムスターも大好き。くだものをあげるときは、小さく切って少量だけを与えて。砂糖不使用のドライフルーツもおすすめです。そうじのあとや動物病院のあとなど、ハムスターが頑張ったときのごほうびにしてもよいかも。

おすすめのくだもの

まるまる1個は
あげすぎだよ～

バナナ
りんご
いちご

ハムスターのおやつ⑤
動物性たんぱく質

成長期や繁殖期には必須となる栄養素

野生のハムスターは、虫やクモなどを捕食して、動物性たんぱく質をとりこんでいました。とくに、妊娠中や出産後、成長期には必要な栄養素となります。

イチオシは、野生下で食べていた昆虫にいちばん近い、生きたミルワームですが、チーズなどでも代用できます。人間用のものは塩分が多すぎるので、かならずハムスター用のものを選びましょう。サプリメントでも摂取できますが、栄養過多の危険もあるので、使用前に獣医師に相談を。

おすすめの動物性たんぱく質

ミルワーム（甲虫の幼虫）

にぼし（塩分が控えめのもの）

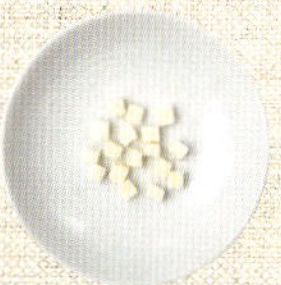
チーズ（塩分が控えめのもの）

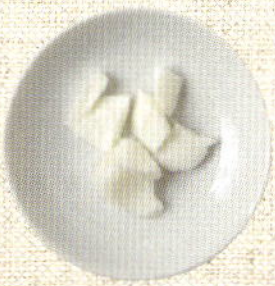
ゆで卵の白身

注意!

食べさせてはいけない食べもの

人間には無害でも、ハムスターが食べると危険な食べものが数多くあります。最悪の場合中毒を起こし死に至ることもあるので、ここに載っていないものでも、絶対に安全と確認できるもの以外は与えないでください。危険なものを食べてしまったときは、迷わず動物病院へ連れて行って。

ねぎ類

たとえ少量でも、ねぎ類は大変危険。血尿、下痢、嘔吐、発熱などの中毒症状を起こし、死に至ることも。

アルコール

体が小さいため、ほんのわずかな量でも急性アルコール中毒を起こして命を落とす危険があります。

アボカド

肝臓障害や呼吸困難、けいれん、嘔吐などの中毒症状を引き起こす成分が含まれています。少量でもNGです。

カフェイン

コーヒーなどに入っているカフェインは、胃腸障害を招き下痢や嘔吐などを引き起こします。

じゃがいも

葉・皮・根・芽に中毒を起こす成分があり、とくに芽には有毒なソラニンが含まれ、とても危険です。

ハムスターの食事なんでもQ&A

食事は、ハムスターの健康に直結する大切なポイント。
それだけに、疑問や悩みも生まれやすくなります。
飼い主さんが抱きがちな食事の「?」にお答えします！

丈夫な体を
つくんないと！

Q 成長期の食事量はどうすればいい？

A 適量は個体によっていろいろ。「少し多め」を意識しよう

成長期（生後3か月ごろまで）は大人よりも多めの食事量が必要です。この時期にきちんと食事をとらないと、骨や内臓機能などが十分に成長しない可能性も。とはいえ、食事量には個体差があり、「○グラム」と明言するのは難しいもの。大人ハムスターの食事量が体重の5～10%なので、それよりも少し多めを意識しましょう。

Q ペレットの種類を変えたいときは？

A 少しずつ切り替えると抵抗が少ない！

ハムスターは嗜好性が強い動物です。現在食べているペレットを気に入っている場合、いきなりまったく違うものに変えると食べてくれないことも。最初は、以前のペレットに新しいペレットを少量混ぜるところからはじめ、徐々に新しいペレットの割合を増やしていきましょう。切り替えは、1週間ほどかけて行って。

意外と味には
うるさいのだ！

これ嫌いっ！

Q 特定のペレットを食べてくれない！

A ほかのペレットに切り替える、嗜好品を減らすなどで解決！

特定のペレット以外はきちんと食べているのであれば、単にハムスターの好き嫌いでしょう。ほかのペレットを試す、おやつなどの嗜好品でお腹がいっぱいになっていないか見直すなどで、改善します。ただし、食事をまったくとらない場合は、重大な問題が隠れている可能性も。おかしいな、と思ったらすぐに動物病院へ。

Q ペレットを巣箱に貯めこんでしまいます。

A 本能的な行動です。衛生管理には十分注意を！

食べものをほお袋に入れて巣箱に貯めこむのは、ハムスターの習性です。そのため、これをやめさせるのは困難。ペレットなら、夏は2～3日おき、冬は5～7日間おきに巣箱の中身をチェックし、片づけてしまいましょう。なお、水分の多い野菜類は腐りやすいので、確認して、すぐに撤去したほうが安心です。

あっ、
見ないでよ～

ガリガリかじって
歯を健康に★

Q 固いペレットを上手に食べられないようです。

A 動物病院への受診を検討しよう。そのうえで、食べやすくする工夫を

上手に食べられない理由があるはず。動物病院へ行くことも検討してみましょう。さらに、細かくくだいたり、水でふやかしたりすると、食べてくれることも多いです。「固いものを食べないと歯が摩耗されないんじゃ？」と心配になりますが、ハムスターは、うさぎやモルモットほど歯の摩耗を食事に頼っていないので、ご安心を。

＼ケージのそうじ／

ケージをそうじしてピカピカに！

きれい好きでデリケート、どちらの性質も考慮を

ハムスターはとてもきれい好きな動物です。また、体が小さく抵抗力が弱いため、不衛生な環境だと細菌などに感染しやすくなります。こまめなそうじで、ケージ内を清潔に保ちましょう。

一方で、警戒心が強く、自らの巣を荒らされることを嫌う一面も。ケージを頻繁に洗いすぎるとストレスを溜めてしまいます。

毎日のそうじは、食器やトイレをきれいにするなどの最低限にとどめます。ケージすべてを洗うのは、週1〜月1程度でOK。その際、ハムスターのにおいを完全に消さないよう、そうじ前の床材を少し入れるなど工夫して。

毎日やりたい！ ぱぱっとそうじ

毎日のそうじでいつも快適な環境に

ハムスターが快適に暮らすために、巣箱やフード入れ、トイレなどは、毎日そうじして清潔にするのが飼い主さんの役目です。不衛生な環境は病原菌が繁殖しやすく、ハムスターの健康に悪い影響を与えます。1日に1回、ハムスターが活動をはじめる夕方から夜の間に、ケージ内を点検しグッズを洗う習慣をつけましょう。

床材

汚れた部分だけ捨てればOK

水や食べもの、オシッコなどで汚れた部分だけを捨て、捨てた分だけ床材を足します。吸水ボトルの下は水でぬれて汚れやすいので気をつけましょう。

フード入れ、給水ボトル

毎日食事の前にピカピカに！

フード入れに残った食べ残しは捨て、きれいに洗ってよく乾かします。吸水ボトルの中は水垢がたまりやすいので、長いブラシなどを使って汚れを落とします。

巣箱

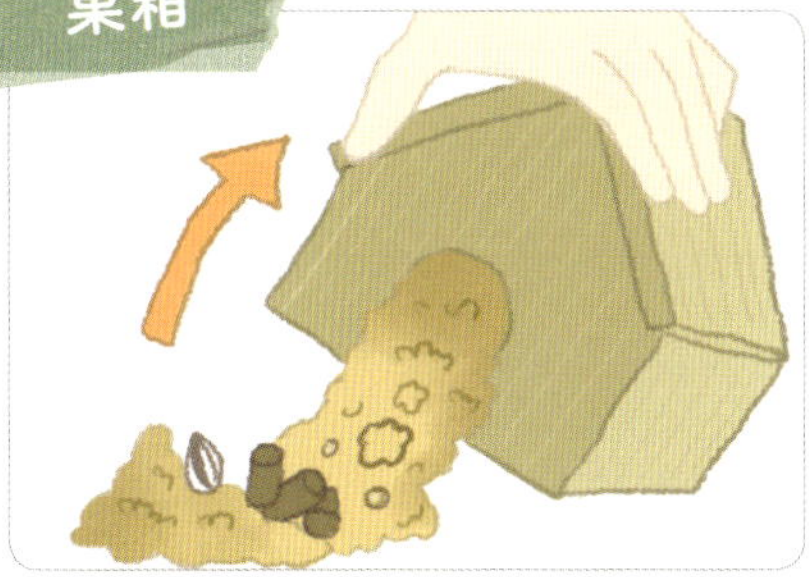

食べものが隠れていないか確認して

巣箱の中に食べ物を隠すハムスターも多いので、ペレットは数日、野菜は1日で処分します。ウンチはピンセットや割りばしを使うと取り除きやすいです。

トイレ

そうじしながら健康チェックも

オシッコでぬれた砂を取り除き、必要な分だけ新しい砂を入れます。トイレの位置がハムスターにわかるように、総入れ替えはしないほうがよいでしょう。

ときどきやりたい！

大そうじ

丸ごとそうじしてすみずみまできれいに

1～2週間に1回、最低でも月に1回を目安に、ケージごとすみずみまで洗って消毒する大そうじの日をつくりましょう。毎日のそうじではできなかった細かい部分の汚れもしっかり落として消毒することで、病原菌の繁殖をおさえることができます。梅雨や夏場は菌が繁殖しやすいので、大そうじの回数を増やしてもよいでしょう。

そうじ後に気をつけたいのは、取り出したグッズの配置。グッズの場所が変わるとハムスターが混乱するので、かならず元通りにセットしましょう。

1

ハムスターをキャリーに避難させよう

そうじをはじめる前に、ハムスターをキャリーケースなどに避難させます。このとき、使っていた床材を少し入れておくと、ハムスターが安心するでしょう。

2

汚れた床材を捨てよう

毎日のそうじでは汚れている部分だけを取り除いていましたが、大そうじでは床材をすべて取り出してそうじします。床材は、一部を残して処分してOK。

3

グッズをしっかり洗おう

基本は水洗いですが、洗剤を使う場合は、台所用の中性洗剤を薄めて使いましょう。ブラシやスポンジなどで汚れをこすり、しっかり洗います。

4

汚れが気になるものはつけ置きして洗おう

汚れがひどいものは、漂白剤を入れてつけ置きしましょう。ケージの汚れがひどいときは、こちらも漂白するとピカピカに。

注意！

大そうじを避けたほうがよい子も

大そうじは自分のにおいが消えてしまうため、ハムスターにとってストレスとなります。お迎えして間もない子や病気の子は、わずかな環境の変化でも体力を消耗するので、負担の大きい大そうじは避けるのが無難。汚れている部分だけを拭きそうじしましょう。

こんな子は気をつけて

- お迎えして間もない
- 生まれて間もない
- 臆病な性格
- 妊娠している
- 病気の療養中

おうちになれるまで
待ってほしいなっ

5

しっかりすすごう

汚れをしっかりと洗い流します。とくに洗剤や漂白剤を使用した場合は、洗浄成分がケージやグッズに残らないように、徹底的にすすぎを行いましょう。

6

日光にあてて乾かす

水気を拭き取り日光にあてて消毒しながら、完全に乾かします。なお、木製のグッズは乾きにくいので、水洗いせず乾いた布で拭いて汚れを落としましょう。

7

元通りに配置し、ハムスターを戻す

ケージとグッズが完全に乾いたら、新しい床材に、使っていた床材を少しだけ混ぜて入れ、グッズを元通りに配置。ハムスターも戻しましょう。

ピカピカに
なったよ～♪

＼体調管理／

毎日健康チェックをしよう

健康チェックで病気を早期発見！

ハムスターは体が小さく寿命が短いため、病気の進行がとても早いです。ハムスターの健康を守るには、日ごろからの予防とともに、病気を早期発見することが重要になります。

健康チェックは、まずは保定して全身を観察し、排せつ物に異常がないかをチェックします。さらに、毎日決まった時間に体重測定（→118ページ）も行います。チェック項目は左ページを参考にし、問題があったら、124ページの診断シートを確認してください。

観察結果は、後で確認するために、ノートやパソコン、スマホのアプリなどで管理しましょう。

健康チェックのやり方

1

手のひらにのせて全身を観察

まずは、手のひらにハムスターをのせて全身をくまなく観察します。このとき、普段より気性が荒く、飼い主さんをかもうとする場合、何らかの痛みでイライラしている可能性も。

2

口やお尻のまわりもしっかり確認しよう

そのままくるっと引っくり返し、ハムスターを保定して口のまわり、お尻のまわりを確認しましょう。いっしょに、つめが伸びすぎていないかもチェックして。

Question

手になれていない場合は？

上手に保定できない場合は、写真のように透明のプラケースにハムスターを入れて観察します。こうすることで、上下左右から観察することができ、お腹やお尻のチェックもかんたん！　ふたをしないと飛び出すことがあるので注意しましょう。

おかしいな、と
思ったら病院へ！

健康チェックシート

目

- ☑ 目やには出ていない？
- ☑ ふちがぬれていない？
- ☑ 白くにごっていない？

口

- ☑ よだれで汚れていたり、変なにおいがしたりしない？
- ☑ ほお袋が出たままになっていない？
- ☑ ほお袋はどちらも使っている？
- ☑ 歯が伸びすぎていたり、欠けていたりしていない？

皮膚・被毛

- ☑ はげていない？
- ☑ 皮膚が赤くなったりしていない？
- ☑ フケは出ていない？
- ☑ 腫れ、またはしこりがない？

お尻

- ☑ ぬれていない？
- ☑ お尻から何か出ていない？

行動

- ☑ 食欲はある？
- ☑ 水は十分に飲んでいる？
- ☑ くしゃみや鼻水が出ていない？
- ☑ 動きがにぶくない？

耳

- ☑ ピンと立っている？
- ☑ かゆがっていない？
- ☑ 傷やできものができていない？

足

- ☑ つめが伸びすぎていたり、欠けたりしていない？
- ☑ 四肢が腫れていない？

排せつ物

- ☑ 下痢をしていない？
- ☑ 血は混じっていない？
- ☑ 量や色、においはいつもと変わらない？

正常なウンチ

色は、茶褐色や黒っぽい。米粒のような俵型で、排せつ直後は弾力があります。

正常なオシッコ

黄色と白が混ざったような色が一般的。血が混じっていたり、濃すぎたりしたら病院へ。

\トイレのしつけ/

習性を利用してトイレを覚えてもらおう

においのする場所をトイレだと認識する!

ハムスターにトイレを覚えてもらうのは、決して難しいことではありません。野生のハムスターは巣穴の決まった場所でオシッコをする習性があります。これは、オシッコのにおいで、ほかの部屋を汚したくないという理由から。この習性を利用すれば、トイレをしつけることが可能です。

トイレの中にオシッコのついた床材などを入れ、においでここがトイレだと理解させましょう。一度で覚えられなくても、根気よくくり返し行って。なお、決まった場所で排せつをするのはオシッコだけ。ウンチは至る場所でするので、毎日そうじして取り除きます。

トイレを覚えてもらうコツ

トイレは巣箱と食器から離して設置

野生のハムスターは、巣穴をトイレ、寝床、食料貯蔵庫など、用途別に分けています。トイレはほかの部屋から遠い場所につくる習性があるので、巣箱や食器から離れた場所に設置するとよいでしょう。

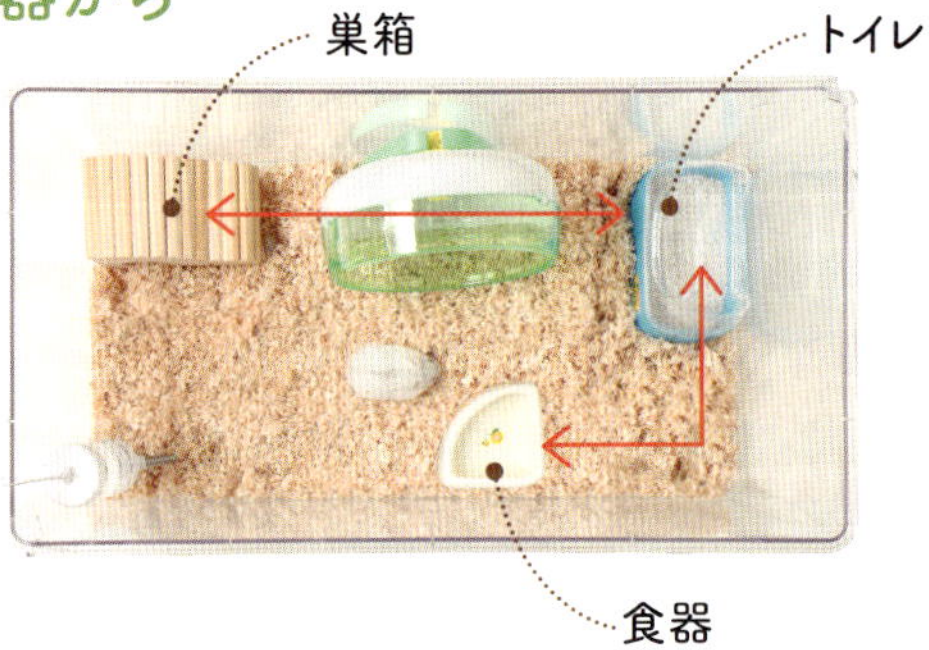

オシッコのにおいを残しておこう

ハムスターはにおいに敏感。ハムスターのオシッコがついた床材、トイレ砂はすべて捨てずに、一部を残してトイレに入れておきましょう。自分のオシッコのにおいを手がかりに、そこがトイレだと認識します。

オシッコが混ざったトイレ砂をセットしよう。

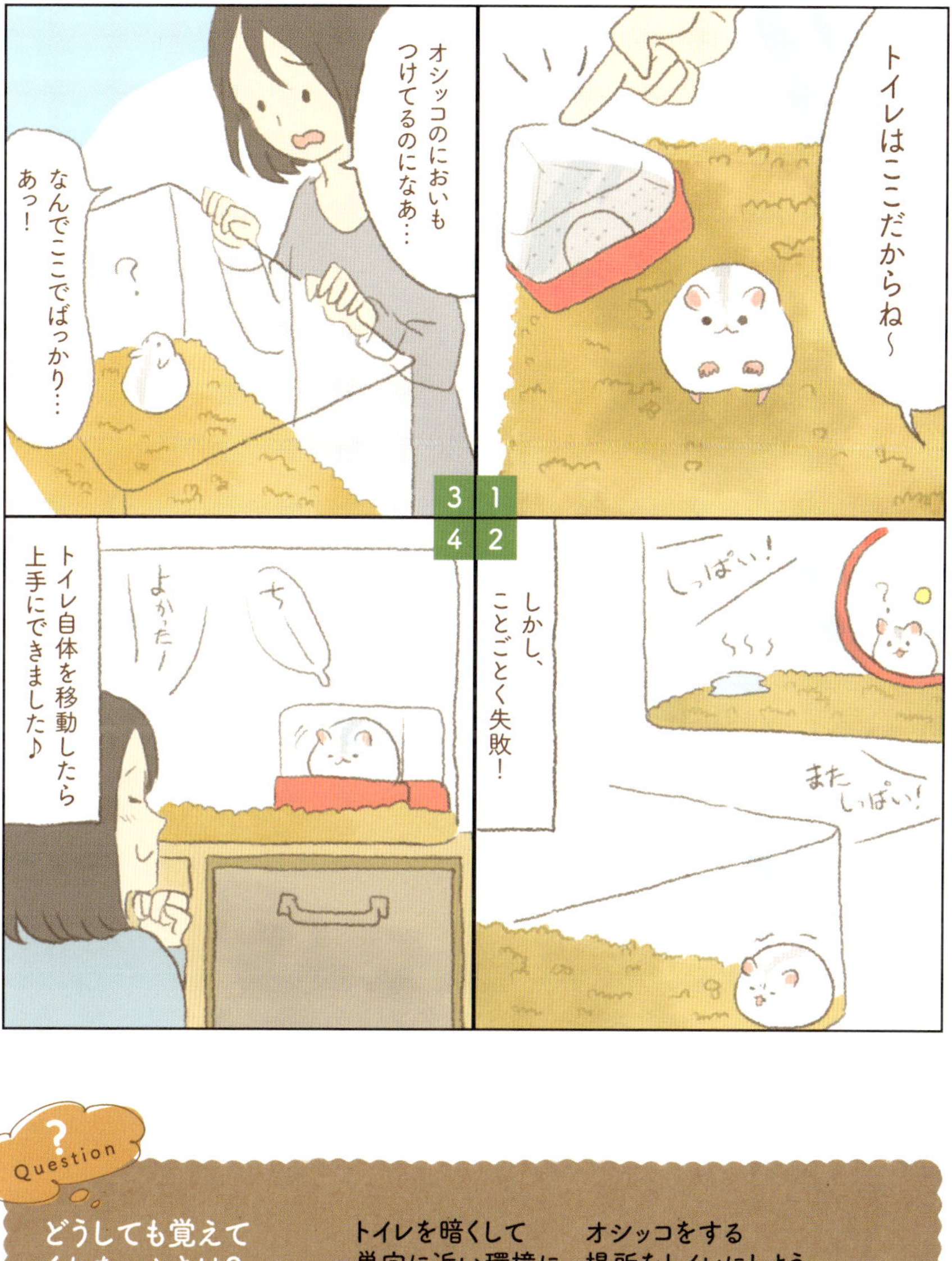

Question

どうしても覚えてくれないときは？

ハムスターにも個体差があり、なかなかトイレが覚えられない子もいます。とくにドワーフは、しつけが難しい子も多いよう。飼い主さんが「ここにして！」と決めすぎず、ハムスターの気持ちを尊重しながら臨機応変に対応しましょう。

トイレを暗くして巣穴に近い環境に

もともと巣穴で排せつしていたので、多少暗めのほうが落ちついて排せつできます。屋根つきトイレに変えたり、暗い位置にトイレを設置したりしてみましょう。

オシッコをする場所をトイレにしよう

トイレではオシッコをしてくれなくても、いつもケージの決まった場所でオシッコをしている場合はラッキー！　その場所をトイレと定め、トイレ容器を設置しましょう。

留守番は環境を万全にして

食事と温度を整えて安心・安全なお留守番を

1〜2日の短い期間であれば、ハムスターはひとりで留守番ができます。旅行などで家を留守にする際は、無理に連れて行くよりも、家で留守番をしてもらったほうがハムスターの負担が少なくて済みます。きちんと準備してから出かけましょう。

日数分の食事と水を用意しておくほか、気をつけたいのは温度と湿度の管理。ハムスターは暑さと寒さに弱いので、夏と冬の留守番はとくに注意が必要です。ハムスターが快適に過ごせる範囲内で室温が一定になるように、エアコンを設定して出かけましょう。

お留守番のときのケージ

Point1

ペレットを日数分入れておこう

留守にする日数分のペレットをしっかり量って、フード入れに入れておきます。野菜など、水分が多く腐りやすい食べものは与えないようにしましょう。

Point2

水をたっぷり準備しよう

水を切らすことがないように、吸水ボトルいっぱいに水を入れておきましょう。念のため、もう1本たっぷり水を入れたボトルを追加でセットしておくとより安心です。

Point3

ハウスの中はきれいにそうじしよう

留守にする間はそうじができないので、ハムスターのハウスの中は、いつも以上にきれいにそうじをしてから外出を。食べ残しなどがあれば、かならず取り除いておきましょう。

Point4

カメラを設置すると安心！

ケージに監視カメラを設置しておけば、外出先からいつでもハムスターのようすを確認できるので安心です。スマートフォン対応のネットワークカメラが便利です。

3日以上になるときは預けよう

ひとりっきりは
危ないかも・・

環境の変化を少なくして ハムスターのストレスを軽減

留守が3日以上になる場合は、だれかにお世話をしてもらう必要があります。おすすめは、自宅までお世話に来てもらう方法。環境が変わらないため、ハムスターのストレスが少なくてすみます。預ける場合はケージごと移動させ、なるべくいつもの環境で過ごせるようにお願いしましょう。

お世話に来てもらう

• ペットシッター

1回3000円くらいから頼めます。まったく面識のない人に頼むのは防犯上の理由からも避け、かならず事前に面接して、信頼できる人にお願いしましょう。緊急連絡先やかかりつけの動物病院も伝えると安心。

• 知人・友人

ハムスターを飼ったことがある知人や友人にお願いしておくと、安心して任せられます。留守にする前に一度自宅に来てもらい、あらかじめお世話のやり方を説明しておきましょう。

早く帰って
きてね

預かってもらう

• 動物病院

かかりつけの動物病院で預かってもらえれば、体調を心配することなく、安心して任せることができるでしょう。ハムスターも知っている場所になるので、ストレスも少なくてすむはず。

• ペットホテル

犬や猫といっしょのペットホテルよりも、小動物専門のペットホテルがおすすめ。小動物全般にくわしいスタッフがいるので安心です。事前に見学して、設備や環境などをチェックしておきましょう。

• 知人、友人

事前にケージの大きさを伝えて置き場所を確保してもらったうえで、ケージごと家に持っていきます。最低限のお世話だけをお願いしましょう。犬や猫を飼っているお宅は避けるのが賢明です。

季節に合わせたお世話の方針

暑さも寒さも苦手。温度管理の徹底を

ハムスターは自分で体温調節がうまくできず、温度や湿度の変化に敏感です。気温が高すぎると熱中症に、気温が低すぎると体温が下がり、仮死状態になることも。命を落とす場合もあるので、季節に合わせた室温管理が必要です。

ハムスターが快適に暮らせる温度は18～25℃、湿度は40～50％です。温湿度計を使い、ケージ内の温度と湿度が一定になるように、しっかり管理しましょう。

ケージ"内"の温度が重要だよ～

季節ごとのお世話のポイント

春　朝晩の寒暖差に気をつけて

気温的には過ごしやすい季節ですが、朝晩と昼とでは温度の差が激しく、急に冷えこむ日もあるので注意が必要です。床材の量は冬と同じくらい多めにし、寒い日には潜りこめるようにして。

お世話アドバイス

- **食事**

食欲が出やすい時期。太りすぎには注意しましょう。栄養のある春の野草や野菜を与えてもよいでしょう。

- **健康管理**

激しい温度の変化はハムスターの体力を奪います。風邪をひかせないように、しっかり温度管理を。

秋　冬に備えて体力をつけさせよう

夏の暑さが和らいで食欲が戻り、ハムスターも元気いっぱい。厳しい冬に向け、体力をつけたい季節です。冬用に食糧を巣箱に溜めこむことがあるので、傷んだものを食べないようにまめに巣箱を確認しましょう。

お世話アドバイス

- **食事**

冬の寒さを乗りきる体力をつけるために、栄養のある秋野菜がおすすめ。高カロリーの種子類も与えてＯＫ。

- **健康管理**

本格的に冬を迎える前に、健康診断に行くとよいでしょう。冷えによる下痢などには注意が必要です。

冬の準備をしっかりね！

夏　熱中症と夏バテ、食べものの腐敗に要注意！

蒸し暑い日本の夏は、ハムスターには厳しい季節。ケージは直射日光の当たらない場所に置き、エアコンで快適な温度と湿度をキープして。夏は食べものが傷みやすいため、野菜やくだものをあげたら早めに片づけましょう。

お世話アドバイス

・食事

脱水対策として、水分を多く含んだ野菜やくだものを多めにあげましょう。水は１日に２回交換します。

・健康管理

熱中症と夏バテには十分注意しましょう。体温が高くぐったりしているときは、迷わず動物病院へ。

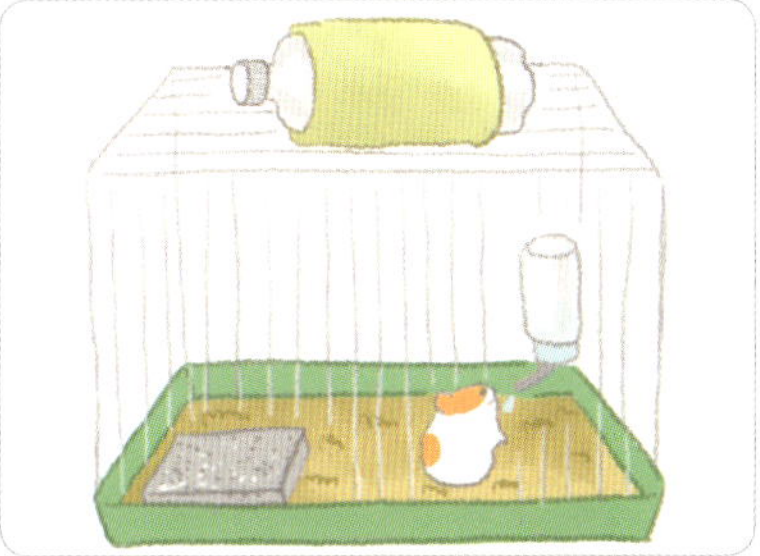

夏の間は、ケージを風通しのよい金網タイプに替えてもよいでしょう。保冷剤などの涼感グッズをケージ内やまわりに置くのもおすすめ。

? Question

梅雨のお世話は？

温度が低くても湿気が高い場合は、エアコンの除湿機能などを使用しましょう。夏同様食べものが腐りやすいので注意してください。

注意！

扇風機はNG！

ハムスターは汗をかかないので、気化熱で体温を下げる扇風機は効果がありません。かえってストレスになり、逆効果です。

冬　冬眠させないように温度管理を徹底しよう

冬、もっとも危険なのが疑似冬眠（→121ページ）です。エアコンやペットヒーターを利用して、ケージ内の温度は18℃以上をキープしましょう。また、食欲と体力が低下するので、いつも以上に免疫力が低下します。健康チェックは入念に。

お世話アドバイス

・食事

体温と体力を維持させるために、冬は少しだけ食事の量を増やしましょう。高カロリーの種子類も多めに与えて。

・健康管理

体温が低い、呼吸が浅い、ずっと寝ているなどの場合、疑似冬眠の可能性が。温めながらすぐに動物病院へ。

体を温められるように床材はたっぷりと入れ、毛布などでケージを覆います。ケージの底の一部にペットヒーターを敷くのもおすすめ。

Breeding Report

飼育レポート❷

思うがまま、のびのび暮らしてほしい！

はじめてハムスターをお迎えすると決めたとき、めぐまげさんは「ゴールデン派」、旦那さんは「ジャンガリアン派」と希望が分かれました。このときは、ゴールデンのハム吉ちゃんをお迎えすることに決定。その後、やはりジャンガリアンも！　ということでお迎えをしたのが、パイ吉ちゃんです。

ご夫婦のお世話の方針は「ハムスターらしい暮らしを！」です。「十分な広さのケージと、落ちつける巣箱を用意。あとはパイ吉が思うままに、ストレスなく暮らしてほしいんです」

ケージは、設計が得意な旦那さんによる、手づくりの2階建てです。おやつも、野菜を干して乾燥させたお手製のもの！

おふたりの愛情を一心に受けて、パイ吉ちゃんはのびのび暮らしていました。

ハム'Data

パイ吉ちゃん

ジャンガリアン（パイド）の男の子。気まぐれでマイペースな性格。手づくりの乾燥野菜が大好き♥

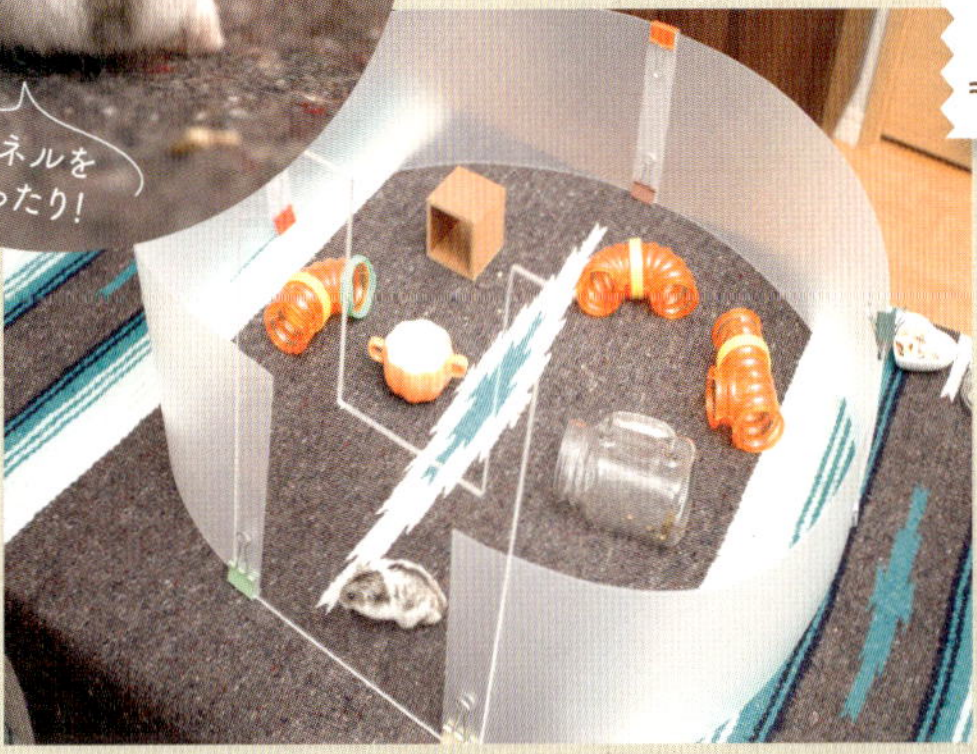

ケージが十分広いので、外に出すことは滅多にありません。ときどき出すときも、テーブルの上で。お手製の仕切りで区切って、安全に遊べるように徹底しています。

古いスマートフォンを監視カメラ代わりに設置。旅行などで不在のときは、これでようすを確認しているそうです。

ペレットやおやつ、トイレ砂は密閉容器に入れて保管しています。左から、トイレ砂、ペレット、おやつの麦、ひまわりの種です。

Zoom!

手づくり家具屋さんのハムスター用巣箱。中に仕切りがあり、トイレと寝床、廊下に分かれているすぐれもの。

Zoom!

1階と2階の行き来は、端にセットした階段を使います。飛び降りられないようにしてあり、けがの心配もなし。

ケージはガラス水槽を使用。旦那さん手づくりのアクリル階段を設置して2階建てに。パイ吉ちゃんは、昼間はおもに2階の巣箱で過ごし、夜は1階に降りて、元気に走り回っているそうです。

ハムスターあるある（お世話編）

［まったりものぐさライフ！］

［飼い主の心、ハム知らず］

Part 4

ハムスターと仲よくなろう

＼接し方の基本／

ハムスターに信頼されるには？

好かれることより嫌われないことが大切

ハムスターと仲よくなるには、好かれることよりも「嫌われないようにすること」が重要です。

ハムスターはもともと、周囲が敵だらけの環境で暮らしていました。肉食動物はもちろん、同じハムスターですら、なわばりを争う敵。つねに周囲を警戒しなければ、生きていくことができなかったのです。自分の身を守るために、「怖い」、「危険」だと判断したところには近づこうとしないのは当たり前のこと。一度不信感をもたれると、信頼を回復するのが困難になります。まずは、ハムスターが苦手なもの・ことを知り、嫌われないように気をつけましょう。

ハムスターが苦手なもの、こと

大きな音

ドアを乱暴に開閉するなどして出る大きな音は、ハムスターを怖がらせてしまいます。また、大きな声にも恐怖を感じるので、接するときは声のトーンを落としましょう。

きついにおい

ハムスターは嗅覚が鋭いため、きついにおいが苦手。タバコや精油、香水などのにおいはかがせないようにして。ちなみに、飼い主さんのこともにおいで認識しています。

タバコ

精油

ほかの動物

野生では、ハムスターは捕食動物に狙われる存在です。そのため、ほかの動物がいることに、非常にストレスを感じます。においだけでも嫌がるので、同じ部屋には入れないようにしましょう。

睡眠中に邪魔をする

ハムスターは、睡眠中も警戒を怠りません。寝ているときに不意にさわられると、驚いて攻撃体勢に入ることも。決して邪魔しないようにしましょう。同じ理由で、食事中にかまうのもNGです。

かまいすぎる

警戒心が薄く、人になれているハムスターでも、長い時間さわられたり拘束されたりするのはストレスになります。「1日10分」など、ふれ合う時間に決まりをつくりましょう。

少しずつ距離を縮めていこう

おやつを使ってコミュニケーションをとろう

ハムスターとスキンシップをとってみましょう。距離を縮めるとき、ぜひ利用したいのがフードやおやつです。ハムスターが「おいしいものをくれる人」とよいイメージをもてば、距離はグッと縮まります。ぜひ、手渡しで与えてみましょう。その際に気をつけたい3つのポイントを紹介します。

なお、ハムスターにふれる前後は、かならず手を洗いましょう。飼い主さんが外部から持ちこんだ細菌がハムスターにうつったり、反対にハムスターからうつされたりする危険があるからです。

ハムスターと仲よくなるコツ

・やさしく声をかけよう

いきなり手を伸ばすと驚かせてしまいます。スキンシップの前に、まずはやさしく、落ちついた声音で声をかけましょう。ふれ合うのは、ハムスターの注意がこちらに向いてから。

・ハムスターの視界に入るように気をつけよう

ふれるときは、できるだけハムスターの目線に近い位置から手を伸ばします。視界に入らない場所、とくに上から手を伸ばされると、「捕まる！」と恐怖を覚え、かみつかれることも。

・生活時間帯に合わせてふれ合おう

ハムスターの生活時間帯は夜。昼間無理やり起こすと、ハムスターが安心して生活できず、飼い主さんに苦手意識をもつことにもつながります。ハムスターが行動している夕方～夜に接しましょう。

＼ふれ合い方／

ハムスターのふれ方、持ち方

無理にさわらず気長にならしていこう

ハムスターが手になれてきたら、なでたり、さわったりしてみましょう。覚えておかなければならないのは、本来ハムスターは、体にさわられることに喜びを感じる動物ではないということです。最初はなでようとすると逃げられてしまうこともあるかもしれませんが、無理やりつかんだり押さえつけたりするのはNG。気長に、時間をかけてならしていきましょう。

なお、ハムスターとふれ合うときは、手のひら全体でさわります。ハムスターは細長いものにかみつきやすいので、指だけでさわるとかみつかれることも。ケージのすき間から指を入れるのも避けて。

さわっていいところ、嫌がるところ

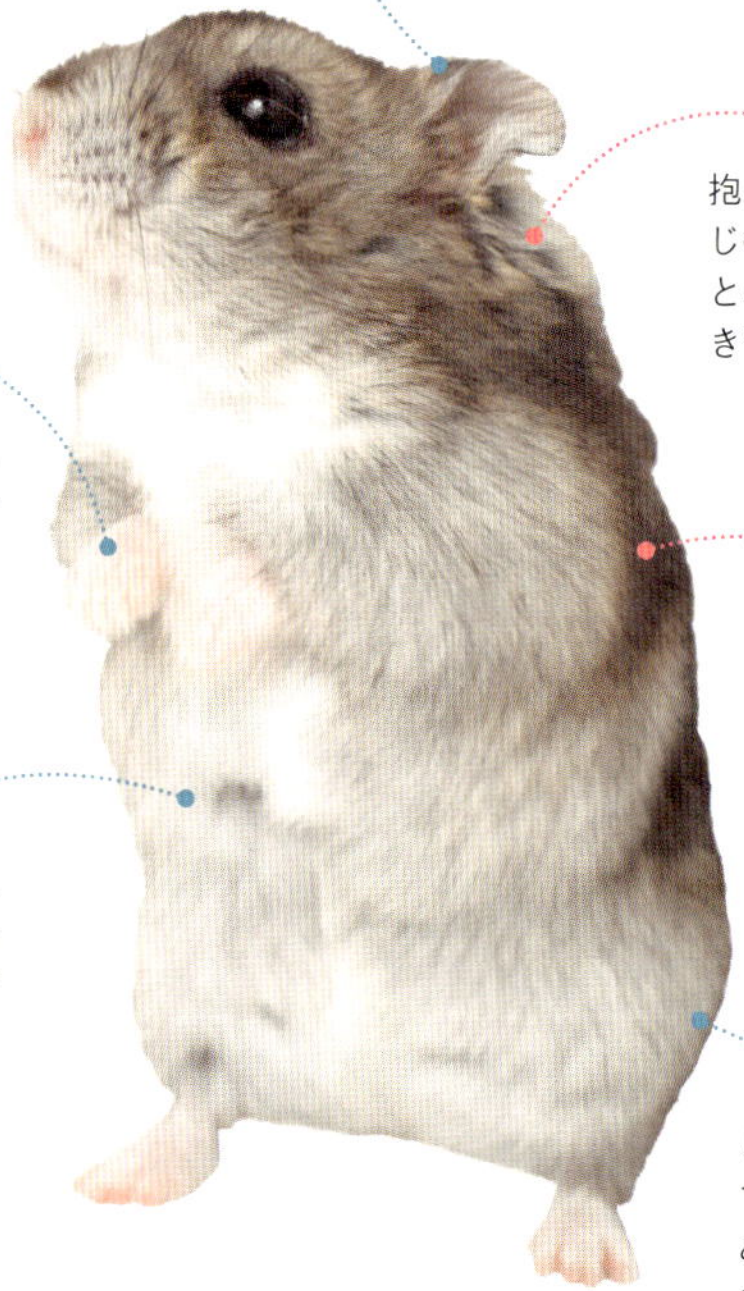

耳
嗅覚と並んで鋭く、重要な器官です。強く引っぱるのはNG！　やさしくふれる分には問題ありません。

首すじ
抱っこするとき、首すじの皮を軽く引っぱるとハムスターは落ちつきやすくなります。

足
ハムスターの指はとても細いです。軽くふれたつもりでも、骨折や脱臼の危険があります。

背中
首すじ～背中にかけて、指でやさしくなでてみましょう。毛並みにそって、ゆっくりなでるとGOOD！

お腹
重要な器官がたくさんあり、弱点となる部分です。圧迫されると苦しいので、極力さわらないようにして。

しっぽ
とても敏感なところで、引っぱると強い痛みを感じます。さわらないようにしましょう。

お世話に役立つ抱っこをマスター！

ハムスターが手になれているようなら、抱っこに挑戦してみましょう。抱っこは完全に体をホールドするため、なでるより難易度は上がりますが、動物病院に行くときや、大そうじのときなど、ハムスターをケージから出すときに必要になります。また、健康チェック（↓80ページ）やお手入れ（↓101ページ）のためにも、できるだけマスターしたいところ。手乗り（↓98ページ）と合わせて練習を。

抱っこするときのポイント

やさしく持とう

逃げるからといってギュッとつかむのはやめましょう。ハムスターが手に苦手意識をもつようになります。また、怖がって手にかみつくようになることも。やさしく、ハムスターを包むように抱っこしましょう。

低い場所で持とう

基本的に、抱っこは座って行います。高い場所で抱っこすると、ハムスターが急に動いて落としてしまったとき、骨折や脳しんとうなどの原因に。これらの事故は、命に関わることもあります。

体全体をしっかりホールドしよう

ハムスターを抱っこするときは、両手で全身をホールドするようにします。足やしっぽ、耳など、体の一部だけをつかむなどするのはNG。ハムスターが痛がるばかりか、骨折などけがの原因にもなります。

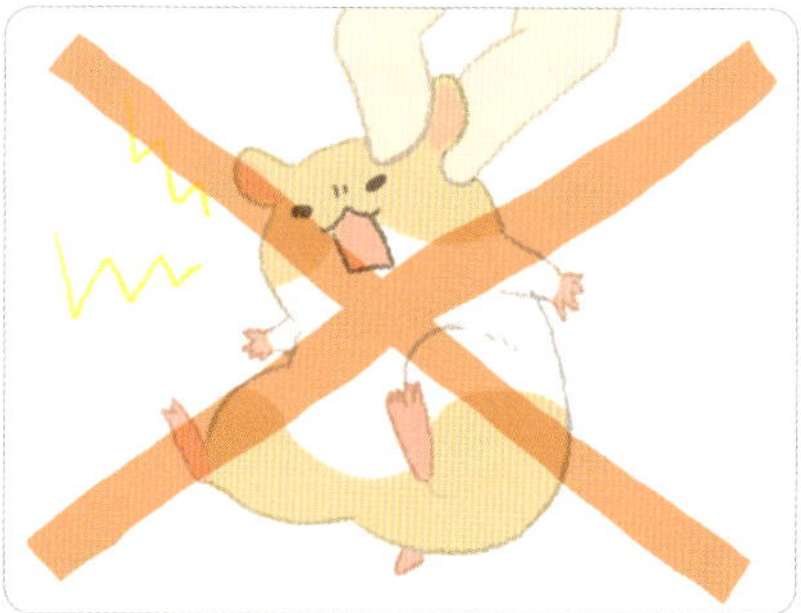

正しい抱っこの手順

1

ハムスターの顔の前にそっと手を出す

ハムスターの名前をやさしく呼んで、注意を引きつけます。こちらを向いたら、ハムスターの顔の前に、そっと手を出しましょう。

2

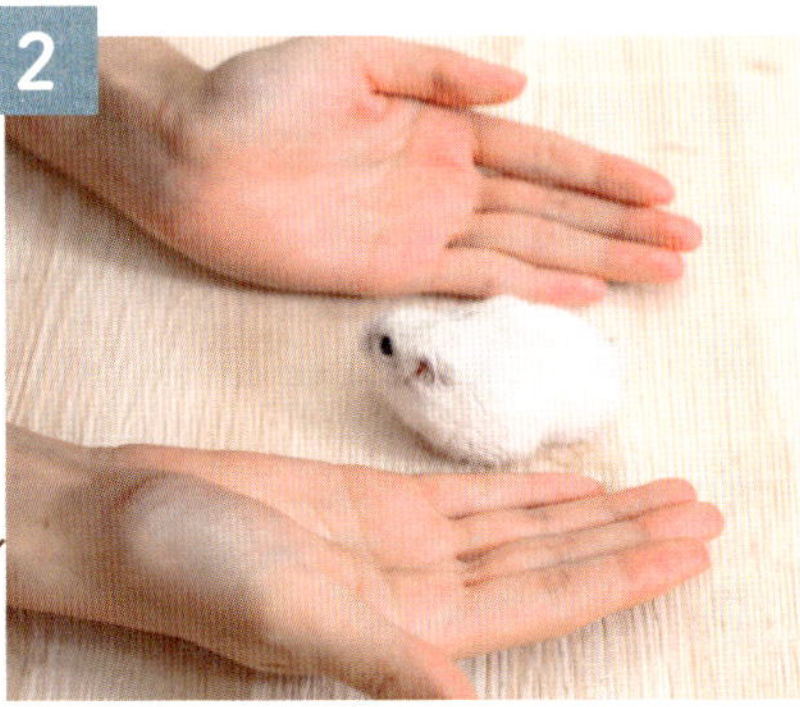

両側から手を近づけていく

手から逃げるようすがなければ、両手をハムスターの両側から、少しずつ近づけていきます。ハムスターが反対側を向いている場合は、もう一度こちらに注意を引きつけましょう。

3

両手でやさしく包むように抱っこ

ハムスターをすくうようにそっと持ち上げます。そのまま、両手でやさしく包むようにホールドしましょう。

? Question

逃げだそうとするときは？

ハムスターがすき間から逃げようとしたり、腕に登ろうとすることがあります。慌てずに、もう一方の手をハムスターの前に出しましょう。左右の手を交互に出して歩かせれば、ハムスターは逃げられません。

抱っこできない子は容器に入れて運ぼう

無理に抱っこしようとせず、容器で安全に移動しよう

性格や種類によっては、どうしても抱っこができないこともあります。嫌がる場合は無理に抱っこしようとせずに、コップなど道具を使って運びましょう。なお、巣箱から出てこない場合は、巣箱ごと移動させたり、屋根が外せるタイプの巣箱を使用するのがおすすめです。

容器を使う方法

1

ハムスターの目の前に容器をセットする

抱っこするときと同じように、声をかけてハムスターの注意を引いてから、目の前に容器を置きます。容器はなんでもOKですが、取っ手のついたコップが便利。

2

タオルを使って誘導する

反対側の手でタオルを持ち、そっとお尻を押して容器の中に誘導します。

3

タオルでふたをし、移動する

ハムスターが入ったら、容器を静かに起こしましょう。すかさずタオルでふたをし、そのまま運びます。手でふたをすると、かまれることがあるので注意！

4

容器をゆっくり倒す

目的地についたら、容器をゆっくり倒してハムスターを外に出します。無理やり出さず、ハムスターが自ら出るのを待ちましょう。

＼手乗りにする／

あこがれの手乗りハムスターに！

お世話が楽になるので ぜひ練習を

ハムスターが手を怖がらないだけでなく、自ら手に乗って来てくれる……。手乗りになることは、飼い主さんがハッピーな気持ちになるだけでなく、お世話が楽になる、健康チェックがしやすくなるなどのメリットがあります。抱っこの練習にもつながるので、ぜひ練習したいところ。なお、性格的に手乗りにするのが難しい子、種類もいますが、練習自体はやって損はありません。手に対する恐怖心をなくすことができるからです。

Check!

手乗りになったらやりたいこと

☑ 健康チェック
（→80ページ）

病気を早期発見するために、毎日のお世話で行いたい健康チェック。手になれ、抱っこできるようになると、口の中やつめなど、細かい部分まで確認できるように。また、チェック時のハムスターの負担もグッと減ります。

☑ スキンシップ
（→94ページ）

ハムスターが手になれれば、なでるなどのスキンシップを、ハムスター自身が楽しめるようになるかも。なかには手の上で眠ってしまうくらい手になれてくれる子も。

☑ お手入れ
（→101ページ）

つめ切りなど、ハムスターにとって負担になりうるお手入れも、手乗りにできるとグッと楽に。また、投薬など、自宅での看護（→132ページ）もやりやすくなります。

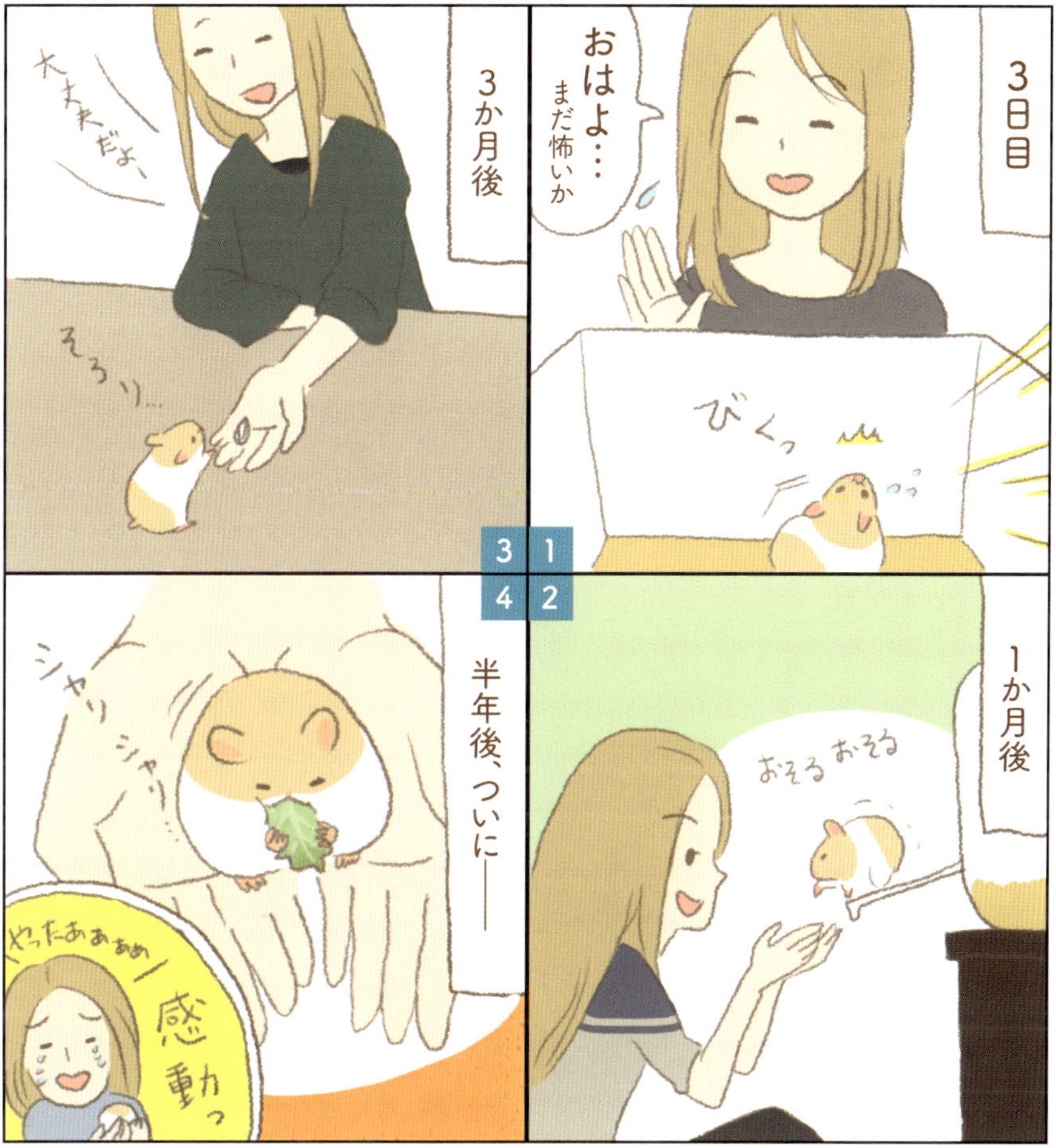

手によい印象を与えよう

手が怖くない→手が好き！に意識改革を

ハムスターが自ら手に乗ってきてくれるようになるには、「手が怖くないと伝える」段階からさらにステップアップし、「手によい印象をもってもらう」ことが重要になります。100ページを参考に、ハムスターの好物を上手に使いながら、気長に、くり返し練習することが大切です。

手乗りにするための手順

1

手渡しで食べものを与えてみよう

指先で好物を持ったら、ハムスターの顔の前にそっと差し出します。ハムスターが自ら近づいて、食べものをくわえるのを待ちましょう。

2

指に食べものを乗せて待とう

手になれてきたら、今度は指の上に好物を置いてハムスターの前に差し出し、食べるのを待ちましょう。

3

手のひらに食べものを乗せて待とう

2ができるようになったら、好物を置く場所を少しずつ手のひらのほうに移動させていきます。すると、ハムスターが手の上に乗ってくるように！

4

手のひらに乗ったらじっと待とう

手のひらで落ちつけるようになったら、反対の手を添えます。手の上で、食べものを追加してもよいでしょう。このステップを完全にマスターしたら、おやつをペレットに切り替えたり、フードなしで行ってみて。

Memo

ハムスターのお手入れ

お手入れは、ハムスターをフォローする程度でOK

ハムスターはきれい好きな動物で、基本的には自分でお手入れをします。年をとったり病気をしたりして、それがままならない場合は、飼い主さんが手助けをしましょう。なお、刃物を使うお手入れは、ひとりで行うのは危険。保定役とお手入れ役の2名で行って。

・つめ切り

通常、つめは自然と摩耗し適切な長さになりますが、つめの先が内側に巻きこんでいるようなら伸びすぎです。小さめの人間用つめ切りでカットしましょう。下の図のように、血管から数ミリのところを切ります。

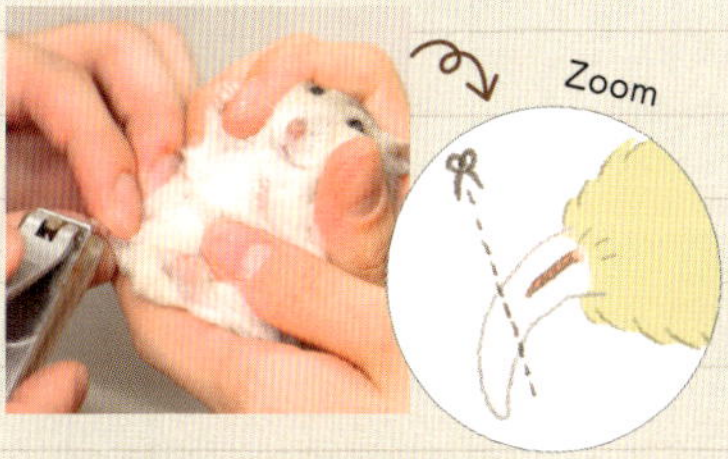

・毛玉の除去

長毛の個体の場合、伸びた毛が絡んで毛玉になってしまうことがあります。飲みこんだり、足に絡まってけがの原因になったりするので、はさみでカットしましょう。毛玉は、こすれやすい足のまわりやお腹側にできやすいです。

・臭腺《しゅうせん》のケア

ハムスターには、マーキングや異性を惹きつけるために、においのある分泌物を発する臭腺が備わっています。分泌物の量が多いと臭腺のまわりが濡れてしまうので、綿棒などで軽くこすって拭いましょう。

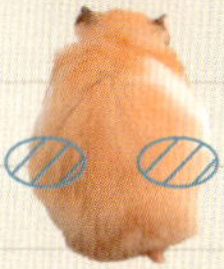

ゴールデン
背中側、腰のあたりに一対（2箇所）あります。

ドワーフ
お腹側、おへそのあたりにとても狭い範囲であります。

Check!

体が汚れたら拭き取ろう

ハムスターが汚れていたら、汚れた部分だけにぬるま湯をかけ、ティッシュなどで拭いましょう。水浴びの習慣がないため、全身をぬらすと体が冷えすぎてしまうので絶対にNGです。

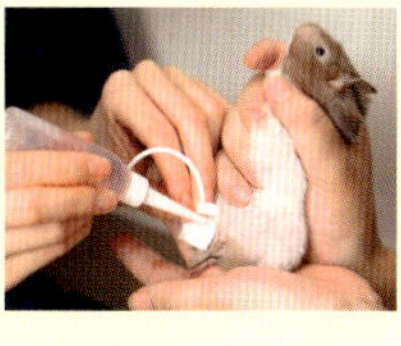

遊びの工夫

運動不足を解消する遊ばせ方

安全性の高い遊び道具を与えよう

小さな体からは想像できないほど、ハムスターは運動量が多い動物です。ケージ内で運動できる環境をつくらないと、肥満やストレス過多の原因になることも……。ケージの中に、ハムスターが遊べる場所や、遊具を設置しましょう。

遊びは、ハムスターの習性や、野生での生活から考えていきます。本能を刺激するような遊びなら、ハムスターも楽しめるはず！

おもちゃは、安全性を十分確認してから設置します。とくに回し車は、故障により思わぬ事故につながることも。また、おもちゃの入れすぎはケージ内が狭くなって、余計にストレスになるので注意。

Memo

野生のハムスターは毎日数キロ走る！

野生のハムスターは、エサ探しやなわばりのパトロールのために、一晩中走りまわります。その距離は、一晩で数十キロになることもあるほど！　限られたスペースでは、全速力で走るのは困難なので、回し車はかならず設置しましょう。

ハムスターの遊びの例

・回し車

ハムスターの代表的なおもちゃで、運動不足解消のためにかならず設置します。サイズが体に合っていないと走りづらかったり落ちたりするので注意！

・トンネル

巣穴を掘って生活していたハムスターは、狭いトンネルをくぐるのが大好き！　トンネルはトイレットペーパーの芯などでも代用できます。

・砂浴び

ハムスターは水浴びをしない代わりに、砂に背中をこすりつける「砂浴び」で体をきれいにします。容器に砂を入れて置いておくと、喜ぶ子も多いでしょう。

・穴掘り

穴を掘るのは、ハムスターにとって本能。ケージに床材を厚めに敷くと、掘ったりもぐったりして遊びます。

Petit 飼育レポ

みんなの遊びの工夫を拝見！

ももすけちゃん
（Sacchanさん宅）

エンリッチメントを実践！

お世話のとき、巣箱にかぼちゃの種を仕込んで探させる「プチエンリッチメント」を実践。ほか、ティッシュにおやつをくるんで探させる工夫も！　ハムスターが、楽しみながら食事をしているそう。

くろすけちゃん
（まな。さん宅）

アスレチックで運動不足を解消！

運動不足にならないよう、ケージ外で思いっきり遊んでもらうために、部屋にアスレチックを設置しています。くろすけちゃんは、毎日のへやんぽの時間、くぐったりのぼったりと楽しんでいるそう。

“へやんぽ”にチャレンジしよう

安全な室内をお散歩させよう

ハムスターを部屋に出して散歩させる「へやんぽ」をさせる方法もあります。よい運動になり、ハムスターの好奇心を満たすことにもつながります。

ただし、一度でも部屋から出すと、ケージだけでなく部屋すべてをなわばりと認識するように。野生では毎晩なわばりを見回っていたため、ときどきしか出さないのはストレスに。出すと決めたら、基本的に毎日散歩させましょう。

へやんぽの前に、部屋を徹底的にきれいにし、危険なものを片づけます。毎回きちんと準備するのが難しい場合は、外に出す習慣はつけないほうがよいでしょう。

ほかのペットに気をつけよう

犬や猫など、ほかの動物には要注意！　まれに仲よくなることもありますが、急にスイッチが入って襲う危険もゼロではありません。

ドアや窓はカギをかけよう

窓はかならず施錠し、ドアも開かないようにしっかり閉めます。ドアには、家族が開けないよう、「ハムスター散歩中」の貼り紙を！

Check!

スペースを区切ると安全性が高い！

サークルやダンボールなどでハムスターが移動できる範囲を限定すると、安全性が高くなります。ただし、部屋中を散歩できる日もあれば、できない日もある……と一貫していないと、なわばりすべてを確認できず、ストレスを感じることに。どちらかに決めましょう。

コード類はまとめておこう

通電しているコードをかじって、感電する事故があります。ハムスターの届かない場所に移動させるか、チューブなどできっちりガードしましょう。

危険なものは取り除こう

下のような危険なものは、あらかじめすべて片づけて。ハムスターは行動力があり、思わぬ場所に行ってしまうこともあるので、へやんぽ中は決して目を離さないで。

- ×ガビョウやピン
- ×ビニール
- ×輪ゴム
- ×人間用の食べもの
- ×人間用の薬類
- ×タバコ
- ×殺虫剤
- ×粘着性の害虫駆除器
- ×観葉植物

カーペットに注意しよう

カーペットの下にもぐりこんでしまうことがあります。気づかずに踏むと大事故になるので、細心の注意を払いましょう。

すき間はしっかりふさごう

ハムスターは狭い場所に入りこむ習性があります。家具のすき間やカーテンの裏に入ってしまうことがあるので、しっかりふさぎましょう。

散歩中は細心の注意を払って

決して目を離さず つねに居場所を把握して

いくら入念に準備をしても、思いがけない事故が起こる可能性はゼロではありません。散歩中は、決してハムスターをひとりきりにせず、つねに観察し、居場所を把握しましょう。家族がいる場合は、ハムスターがへやんぽ中であることを全員が認識し、その間ドアの開閉はしないようにします。

散歩中の注意点

注意!

食べものを与えないで

ハムスターにとって、いちばん安心できる場所はケージでなければなりません。ケージの外で食べものを与えると、「外のほうがよいことがある！」と思ってしまい、四六時中外に出たがるように。食べものは、ケージに戻してから与えましょう。

☑ 時間を決めよう

あまり長い時間散歩させず、時間を決めてケージに戻します。時間は最大でも30分程度に。時間が経っていなくても、ハムスターが部屋を一周し、なわばりを一通り確認したら終了させてOKです。

☑ 高いところにはのぼらせないで

ハムスターの散歩は、床の上のみに限定します。テーブルや棚など高いところにのぼらせると、落下する恐れがあるからです。骨折や脳しんとうなどの事故につながるので、注意しましょう。

☑ 静かに見守ろう

飼い主さんは床に座り、静かに見守りましょう。歩きまわっていると、目を離してしまい、踏んだりする事故の原因になります。

へやんぽが終わったら

ケージに戻す前に すばやく身体チェック!

へやんぽが終わったあとは、すぐにケージに戻さず、次の3点を確認しましょう。ケージに入ったハムスターは、巣箱に入って出てこなくなってしまうことがあるため、戻す前にすばやくチェックしてください。

• けがはしていない?

足を引きずるようにして歩いている場合、けがをしている可能性大。すぐに足をチェックしましょう。また、動きがおかしい場合、感電や中毒の可能性があります。すぐに動物病院へ向かって。

• ほお袋はふくらんでいない?

へやんぽする前にくらべ、ほお袋がふくらんでいたら、何かを拾って隠しているのかも。口を左右から軽く押して開けさせ、中までしっかり確認しましょう。

• 別荘をつくっていない?

部屋の中に、床材やティッシュなどを集めて別荘をつくることがあります。別荘自体は残しておいても問題ないのですが、食べものを隠している場合は不衛生なので、見つけたら処分しましょう。

ハムスターが迷子になったら

慌てず、ゆっくり動いて 探しだそう

迷子になっていることに気づいたら、慌てず、ゆっくり動きます。ハムスターは同じ散歩ルートを辿る習性があるので、まずは先回りして待ってみましょう。見つからない場合は、夜になって動きだすのを待つか、好物を置いて待ち伏せする方法をとります。ハムスターが見つかるまで、部屋のドアは開けないようにしましょう。

こそこそ……

注意!

ハムスターボールは使用しないで

ハムスターを中に入れて遊ばせるボールは危険です。ハムスターは視力が悪いため、自分がどこにいるかわからず、自力で止まれないため非常にストレスになります。また、壁にぶつかるなどして死亡事故につながることもあります。

Breeding Report

飼育レポート❸

お迎えしてからカメラがハムスターだらけに！

　ある日、偶然出会ったSNSの写真をきっかけに、ハムスターの魅力にハマってしまったというひかるさん。はじめ、ゴールデンのキンクマの子を……と考えていたそうですが、ショップで目に入ったノーマルカラーにひと目ぼれ。それが、きなこちゃんでした。

「その1か月後、今度は多頭飼いしてみたい！　と思い、ロボロフスキーの姉妹、小梅と小春をお迎えしました。残念ながら最近、けんかの兆しが見えたのでケージを分けたんですけど……」

　もともと写真が趣味だったというひかるさんですが、ハムたちをお迎えしてから、被写体は専らハムスターに。ブログでかわいい表情、しぐさを公開しています。

　3匹はそれぞれ個性豊か。日々見せてくれる新しい一面に、おどろきながらも楽しい毎日です。

ハム'Data

小梅ちゃん

ロボロフスキー（ノーマル）の女の子。小春ちゃんとは姉妹ですが、こちらはおっとりして、穏やかな性格をしています。

小春ちゃん

ロボロフスキー（ノーマル）の女の子。小梅ちゃんとは姉妹ですが、気が強い性格。あまりものおじはしないようです。

きなこちゃん

ゴールデン（ノーマル）の女の子。練習のかいあって、自ら手に乗ってくるほどなれています。お顔立ちの整った美人さんです♪

ごそごそ…

おやつはいろいろ用意！

ペレットは2種を使い分け！

ペレットは、大粒は主にきなこちゃん、小粒は小春ちゃん&小梅ちゃんと使い分け。おやつはいろいろと用意し、日によってさまざまなものを与えているそう。食いつきのいいもの、悪いものさまざま。

ぬくぬく～♥

ケージは３つとも、スチールラックに設置しています。きなこちゃんのケージは、アクリル水槽。軽くて扱いやすいため、お世話がしやすいそうです。

きなこちゃんのケージには、遊び道具もいろいろ入れています。好奇心が旺盛なので、おもちゃで遊んでくれることも多いそう！

ハムスターあるある（仲よし編）

［　もちろん、お食事優先です　］

［　ほんとにわかってる?　］

Part 5

ハムスターの健康
ご長寿大作戦！

ハムスターの健康を守るには？

「ハムスターの感覚」を意識して健康管理を

手のひらに乗るほど小さな体は、ハムスターの魅力のひとつ。しかし体が小さいため、どうしても抵抗力が弱く、繊細な面があります。人間にとっては些細な気温や環境などの変化が、ハムスターには大きな影響となってしまうこともあるのです。

また、ハムスターの寿命は2〜3年と、人間の数十分の1ほど。それはつまり、ハムスターの体が、人間の数十倍の早さで老化するということを意味します。「1日だけようすを見てみよう」とした、そのたった1日で、状態が急激に悪化して、取り返しがつかなくなってしまった、というケースが少なくありません。ハムスターの健康を守るには、人間の感覚ではなく「ハムスターの感覚」で接することが大切です。

また、捕食される動物であるハムスターは、弱っているところを見せると狙われやすくなるため、本能的に不調を隠す傾向があります。そのため、ちょっとした変化が、ハムスターからの重要なサインであることも。毎日の健康チェック（→80ページ）で、そのサインを読みとりましょう。

ハムスターの健康は、食生活や運動、環境など、日々の暮らしによって大きく左右されます。健康は1日にしてならず。少しでも健康に、長く生きてもらうためにも、飼い主さんが安全と健康を考慮して、環境を整えましょう。

病気や危険から守るポイント

予防が何よりも大切だよ
気にかけてくださいな

快適に暮らせる環境づくりを心がけて

ハムスターは気温の変化で体調をくずしやすい動物です。四季の変化に対応できるよう、飼育環境を整えましょう。また、ケージを不衛生にして細菌が繁殖すると、病気の原因になります。こまめにそうじして清潔を保って。

夏

冬

夏は通気性のよい金網ケージ、冬は保温性が高い水槽ケージと、ケージを使い分けるのも一案です。

毎日ようすを観察しよう

ハムスターは体の不調を隠すため、見た目のチェックだけでは異常に気づきにくいもの。フードの摂取量や排せつ物の状態、体重などもチェックしましょう。また、定期的に健康診断を受けることも忘れずに。

平和な生活がいちばんだね♪

ストレスをかけないようにしよう

ハムスターはストレスに弱い動物。ストレスには、環境の変化などによる体のストレスと、かまいすぎなどによる心のストレスがあります。ストレスは免疫力を低下させるので、落ちついて過ごせるよう配慮を。

毎日の食事に気をつかおう！

毎日の食事が体をつくります。とくにハムスターは体が小さいので、食事の内容がそのまま体調に表れます。栄養バランスのよい食事を心がけましょう。また、肥満は万病のもとなので、与えすぎにも注意して。

信頼できる動物病院にかかろう

元気なうちに動物病院を探しておこう

ハムスターは、体調が悪くてもそれを隠そうとする動物です。不調に気づいてからあわてて動物病院を探すようでは、手遅れになってしまうばかりか、納得のいく病院選びもできないでしょう。ハムスターをお迎えしたら、元気なうちにかかりつけにする動物病院を決めておくことが大切です。

自宅から近く、ハムスターにくわしい獣医さんがいることがベストですが、最も重要なポイントは信頼して任せることができるかどうか。獣医師だけでなく、病院スタッフの応対も考慮に入れ、総合的に判断し信頼できる動物病院を選びましょう。

病院選びのポイント

☑ハムスターにくわしい獣医さんがいる

動物病院は数多くありますが、ハムスターにくわしい獣医さんがいる病院は少ないのが現状。犬や猫しか診療経験がない病院だと、ハムスターの保定ができない、なんてケースも。健康なうちに獣医さんと信頼関係を築いておきましょう。

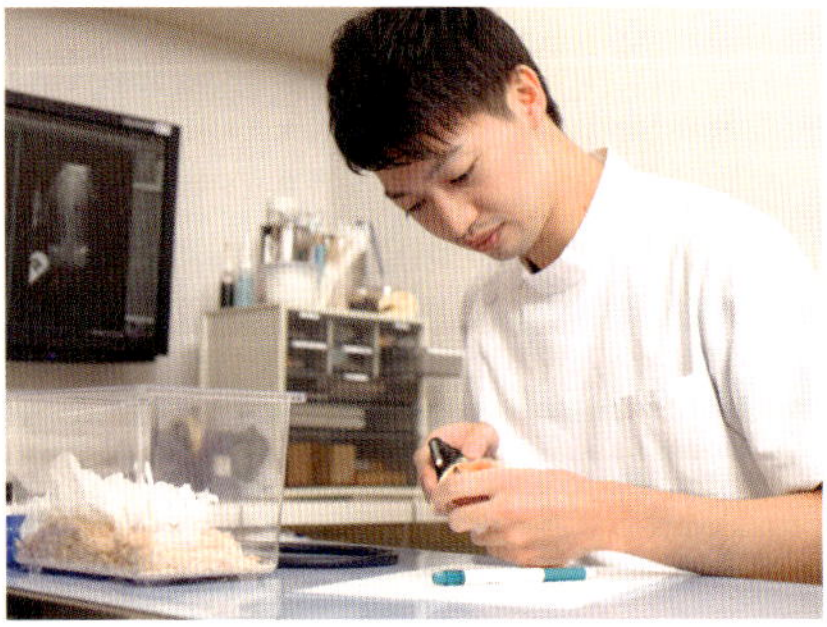

☑通いやすい距離だと◎

具合が悪いハムスターを長時間移動させると、大きな負担がかかります。また、ハムスターは病気の進行が早いため、一刻を争う事態になることも。定期的に通院することも考慮し、できるだけ家から近く通いやすい距離にある動物病院を選びましょう。

Check!

ショップの店員さんに聞いてみよう!

ハムスターをお迎えしたショップに、エキゾチックアニマルを診られる動物病院に心当たりがないか聞いてみましょう。お客さんからの情報提供などで、いい病院を知っているかも。いざというときのために夜間診療を行っている病院なども聞いておくと◎。

動物病院との上手なつき合い方

健康診断を利用して動物病院にならしておこう

つめ切りや健康診断などで、ハムスターが健康な状態のときに動物病院に行きましょう。健康診断で病院のカルテに記録された情報は、病気になったときの診療に大いに役立ちます。さらに、ふだんの状態を見せておくことで、獣医さんが異常に気づきやすくなるでしょう。健康診断のときは、気になることや飼育の疑問なども聞いてみて。

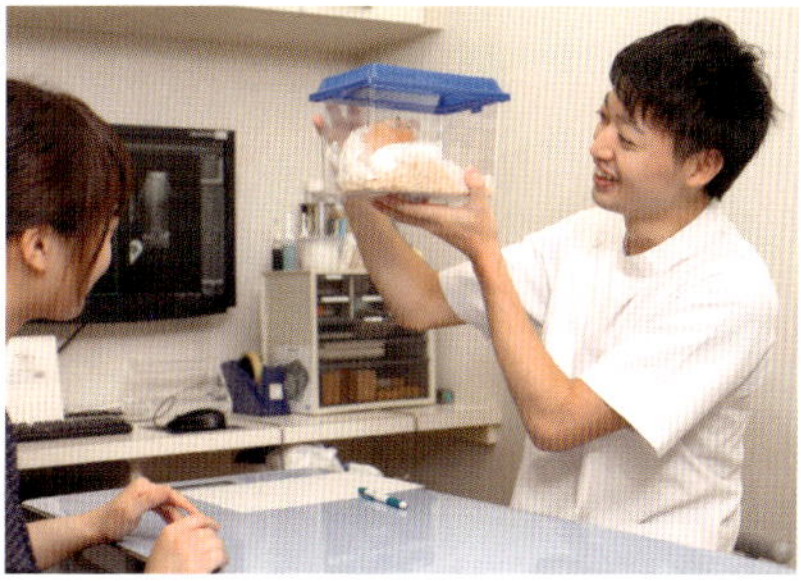

健康診断で行うこと

Check!

動物病院に行ったら確認したいこと

インターネットなどの口コミに頼りすぎず、自分の目で確認することが大切です。判断する際には以下の内容を参考にしてみてください。対応に納得できないときは、別の動物病院を探しましょう。

- ☑院内は清潔？
- ☑犬や猫などほかの動物によってハムスターがストレスを受けにくい環境？
- ☑獣医さんがハムスターの保定になれている？
- ☑治療費が明確でわかりやすい？
- ☑獣医さんがどんな治療をするかくわしく教えてくれる？
- ☑自宅でのケアの方法をしっかり教えてくれる？

• 問診

食事内容、飼育環境、ウンチやオシッコの状態、食欲、行動、過去の病歴、ふだんの生活のようすや現在の体調などをくわしく聞きとります。気になることがあれば、問診のときに質問しましょう。

• 触診

まず視診と聴診を行ってから、手にとって体全体をさわり、全身の状態を調べます。目や耳の中、口の中、皮膚の状態、関節の動きなどに問題がないか確認し、体重や体温測定なども行います。

• 検便

新鮮な材料であるほど診断が正確になるので、健康診断当日に自宅で採取したウンチを、ジッパーつきのビニール袋などに入れて病院に持参しましょう。食べものの消化状態や寄生虫の有無がわかります。

いざ、動物病院に行くときは

ルールとマナーを守って定期的に通おう

信頼できる動物病院を見つけたら、かかりつけの病院と決めて、病気を予防するために定期的に通いましょう。健康診断は、できれば2か月に1回のペースで受けるのが理想的です。

病院に行く前に電話を入れ、症状を伝えてから、持参するものなどがあるか確認をしましょう。とくに容態が悪く緊急を要する場合は、かならず電話を。すぐに治療できるように、病院側も受け入れ態勢を整えることができます。

動物病院には、犬や猫などほかの動物がいることも。マナーを守って、スムーズに診察が受けられるように心がけましょう。

動物病院に行くときのポイント

移動時間は極力短く。安全な交通手段で向かおう

揺れが少なく温度調節もしやすい車の移動が理想。ただし、ハムスターの状態によっては、飼い主さんの気が急いてしまい、ハンドルを握るのが危険なケースも。タクシーを使うと安全です。

事前にきちんと予約をしておこう

病院に行く前に電話を入れ、事前に予約をしてから行きましょう。待ち時間が少ないほど、ハムスターのストレスも少なくてすみます。なお、予約の時間はかならず守るのがマナー。遅刻すると、診察をあとに回されることも。

ハムスターのようすを説明しよう

予約の電話を入れるときに、ハムスターのようすを伝えておいて。緊急を要する症状の場合、病院側に準備をしてもらい、すぐに対応をお願いできるかが明暗を分けることも！

Check!

電話で相談にのってくれることも！

連れて行くべきか悩んでいるときは、動物病院に電話をして相談してみましょう。症状によっては応急処置の指示などを受けることもあります。ただし、診察を待っている患者さんの迷惑になるので、長々と話しこむのはNG！

負担を極力少なくして連れて行こう

ハムスターのお世話をしている飼い主さんが連れて行きましょう

病気の原因を探るためには、食事内容や生活環境など生活全般の情報が必要になります。動物病院へは、ふだんのお世話状況を説明できる飼い主さんが連れて行くのが基本です。飼育日記などを持参すれば診断に役立つでしょう。

持ち物

- 飼育日記
- 排せつ物（ウンチ）
- ふだん食べているペレット
- 床材

ハムスターの運び方

・キャリーケースで運ぶ

ケージごと運ぶのが難しい場合は、キャリーケースで運びます。だだっ広い場所は落ちつかないので、床材や割いたキッチンペーパーを入れましょう。移動時間が１～２時間以内なら、給水ボトルは入れないでＯＫ。

・ケージごと運ぶ

車で移動できるのであれば、ふだん使っているケージごと連れて行きましょう。飼育環境を見てもらうこともできるので、症状の原因を探る手立てになります。布をかぶせておくと、ハムスターが落ちつきます。

寒いとき

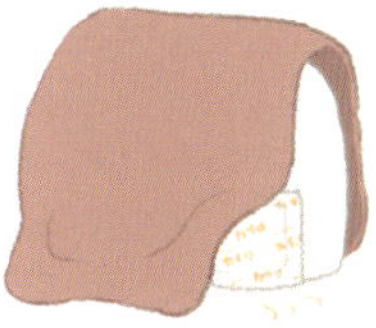

底の一部に保温材を入れ、タオルでキャリーをすっぽり包みます。暑くなりすぎていないか、密閉しすぎて酸素不足になっていないか確認を。

暑いとき

給水ボトルを入れると水がこぼれることがあるので、水分補給用として葉ものの野菜を入れます。タオルでくるんだ保冷剤を添えましょう。

Check!

獣医さんに運び方を相談しよう

病気やけがなどの症状によって、ハムスターの運び方も異なります。動物病院に予約の電話を入れたときに、どのようにして連れていけばよいのか、獣医さんに確認しておくと安心です。

＼体重の管理／

適正体重を守ろう

肥満は万病のもと予防は体重測定から

ペットのハムスターは、1日のほとんどをケージの中で過ごすため、どうしても運動不足になりがちです。飼い主さんがしっかり食事管理をしないと、「気がつけば肥満！」ということも少なくありません。肥満予防には、体重測定が必須。毎日のお世話に、かならず体重測定も組みこみましょう。

太らせてしまったら、ダイエットが必要になります。ダイエットの基本は食事内容の見直しと運動不足の解消。気をつけたいのは、飼い主さんの判断で勝手にダイエットをはじめること。かならずかかりつけの動物病院に相談し、獣医師の指導のもとで行いましょう。

毎日体重を量ろう

正確な体重測定で適正体重をキープしよう

肥満を予防するためには、毎日の体重測定が欠かせません。食前と食後では、おのずと体重も変わってくるので、毎日時間を決めて同じ条件のもとで体重を確認しましょう。個体差がありますが、下の表と比較して、適正体重を上回っているときは、肥満の可能性大です。

おとなしくしていられない子は、容器に入れたままスケールで重さを量り、後で容器分の重さを引く方法がおすすめ。

ハムスターの体重の目安

	オス	メス
ゴールデン	85〜130g	95〜150g
ジャンガリアン、キャンベル	35〜45g	30〜40g
ロボロフスキー	15〜30g	
チャイニーズ	35〜40g	30〜35g

肥満のサインをチェックしよう

毎日の体型チェックで肥満のサインを見逃さない！

ハムスターの外見からも肥満のチェックができます。右記のチェックポイントを確認してみましょう。肥満は病気の原因になるだけでなく、動きがにぶくなるため、けがもしやすくなります。肥満の兆候が見られたら、早めの対策を！

Check!

見てわかる肥満のサイン

- ☑上から見たときにまん丸に見える
- ☑お腹や胸の毛がすれて薄くなっている
- ☑お腹が丸い、または出ている
- ☑手足のつけ根にたるみがある
- ☑毛づやがあまりにもよすぎる

ダイエットは獣医さんと相談しながら

獣医師の指導を受けて健康的にダイエットさせよう

ハムスターをダイエットさせるときは、体に負担がかからないように、健康に配慮しつつ行うことが重要です。そのため、飼い主さんの判断で自己流のダイエットを行うのは厳禁。健康的にダイエットを行うために、必ず獣医師に相談し指示を受けましょう。

注意！

急激なダイエットは絶対NG！

体重がほんの数グラム減るだけでも、体の小さなハムスターにとっては、大きな変動になります。急激に体重を落とすことは、たいへん危険です。体力を落とさないように配慮して、ゆっくり体重を減らしていきましょう。

ハムスターのダイエット

☑食事内容の見直し

肥満のいちばんの原因は食生活にあります。食事はペレットを中心にし、高カロリーなおやつは控えます。

☑運動不足の解消

運動量を増やしましょう。回し車できちんと遊べているかを確認して。また、室内を散歩させるのも◎。

＼応急処置／

いざというときのための応急処置

自己判断はせず、動物病院へ行こう

　事故が起きたり、ハムスターがけがをしたとき、飼い主さんはどうしてもパニックになってしまいます。ですが、慌てて冷静な判断ができなくなっては、さらに状況の悪化を招きます。まずは落ちついて、状況を把握してください。

　体が小さいハムスターは、ちょっとした切り傷などが、命を落とすような症状につながるケースもあります。たとえ一時的に症状が改善しても、自己判断せずかならず動物病院へ行きましょう。

　ここでは、動物病院に行く前にできる、「状況の悪化を防ぎ、ハムスターに負担をかけずに移動させる」ための処置を紹介します。

症状別の応急処置

Case 1 骨折、ねんざをしてしまった！

足に負担をかけないように動物病院へ運ぼう

　足が腫れていたり、歩くときにびっこを引いていたら、骨折やねんざの可能性が。動きまわると悪化するので、小さめのプラケースに移動させ、足に負担をかけないよう足場をやわらかくしましょう。具体的には、すべらないようタオルを底に敷き詰め、細くしたキッチンペーパーを入れます。治療は、薬で炎症をおさえたり、外科手術で骨をつないだりします。

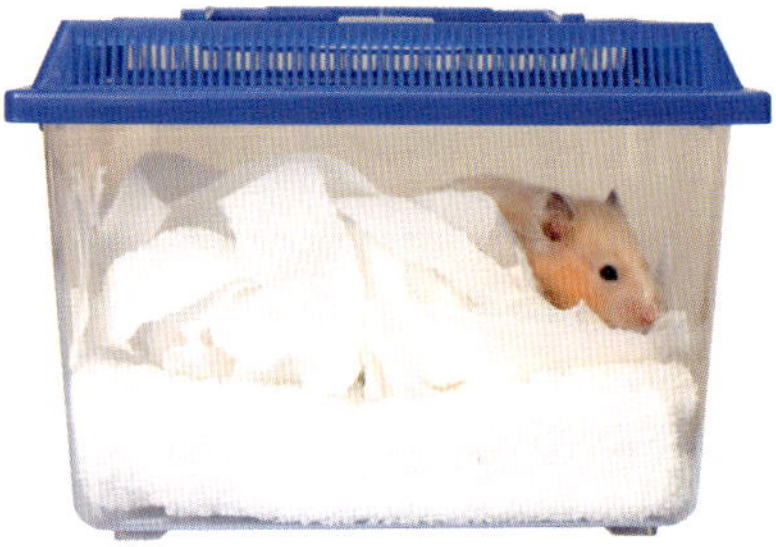

固い足場は足に大きな負担をかけます。タオルで足もとを保護しましょう。

Case 2 出血が見られる！

小さな傷でも動物病院で診察を受けて

　床材に血がついていたら、体のどこかをけがしています。血がすぐに止まった場合でも、体内で化膿していることがあるので、動物病院で診察を受けましょう。おとなしい子なら、患部に片栗粉などをつけて出血を止める方法も。

←傷口が汚れている場合は、ガーゼをぬるま湯でぬらして軽く拭き取ってください。

Case 3 冬眠状態に入ってしまった!

すぐに温めて! 温度管理に気をつけよう

ハムスターは、寒い冬の時期を冬眠して過ごすことがあります。一般的には15℃を下回ると動きが鈍り、10℃以下になると体が冷たくなって呼吸が少なくなり、冬眠します。体温調整がうまくいかずにそのまま亡くなってしまうことも多く、とても危険。すぐに温めて回復させましょう。

→人肌で温めて起こします。ハムスターの顔だけ出して、両手のひらでハムスターを包みましょう。

Case 4 熱中症にかかってしまった!

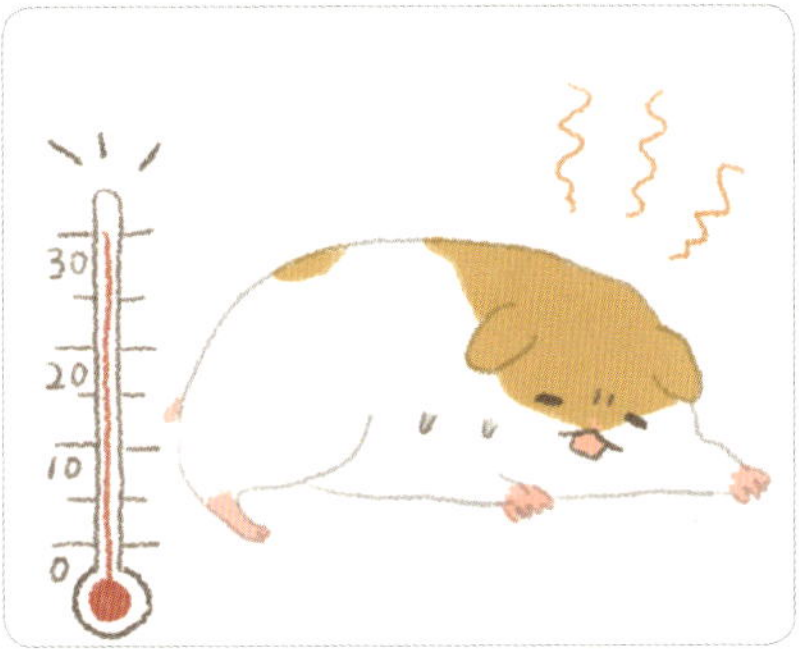

ハムスターの体を冷やしながらすぐに病院へ!

ハムスターの適温は、18～25℃ほど。これを上まわると、熱中症のリスクが高まります。体温が上がって呼吸が苦しそうになったら、熱中症かもしれません。保冷剤などで冷やすと冷えすぎるので、水を飲ませながら病院へ向かいましょう。

注意!

冷やしすぎ、温めすぎはNG!

疑似冬眠や熱中症が見られたとき、ドライヤーなどで温めたり、保冷剤を用いたり水をかけたりして冷やすのはNG。ハムスターは体が小さいため、急激な体温の変化は大きな負担になります。また、ドライヤーを用いると肺が焼ける危険が。絶対にNGです。

Case 5 やけどをしてしまった！

ぬらしたティッシュを患部に巻いて病院へ

部屋を散歩させているとき、ストーブにあたるなどして、やけどする事故があります。ぬらしたティッシュを軽く絞って患部に巻きつけ、すぐに動物病院へ向かいましょう。焦って水をかけたり、保冷剤などで冷やす方法は、体温が急激に下がってしまうので厳禁です。

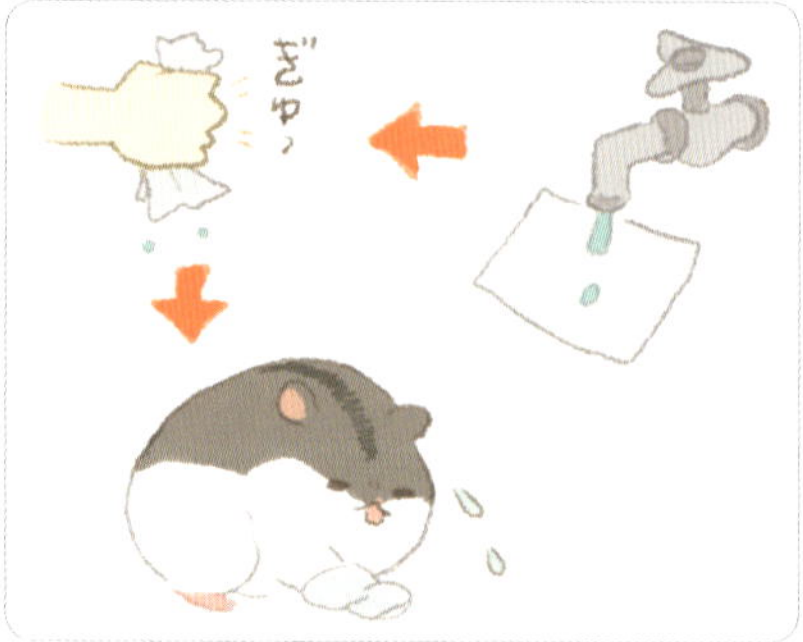

Case 6 感電してしまった！

体内をやけどしているかも。かならず診察を受けて

電気コードなどをかじって感電することがあります。まずは電源を抜き、すぐにハムスターを連れて動物病院へ向かいましょう。体内や口の中をやけどしている可能性があるので、意識があってもかならず診察を受けてください。なお、感電は予防することが肝心。電気製品のコード類は、ハムスターがかめないようガードするか、完全に隠すよう徹底しましょう。

Case 7 粘着シートについてしまった！

被害の拡大を予防したうえで動物病院へ向かって

そうじ用の粘着シートや害虫駆除器に貼りついてしまう事故があります。ハムスターが暴れるとさらに貼りつく範囲が広がるので、まずはシートのハムスターがついている場所“以外”に小麦粉を振りかけて、被害の拡大を防ぎましょう。小麦粉と油でシートをはがす方法もありますが、ハムスターは皮膚が薄いため、無理をすると出血の危険が。動物病院で処置してもらった方が安全です。

Case 8 中毒を起こしてしまった！

これは安全♥

呼吸困難やけいれんが見られ命に関わることも

ハムスターに毒となるもの（→73ページ）を口にすると、食欲がなくぐったりする、呼吸困難、嘔吐、けいれんなどの症状が見られます。ひと口食べただけで命に関わることもあるので、ようすを見ずにすぐに動物病院へ行きましょう。

観葉植物の中には、ハムスターにとって毒となるものが多数。そのほか、人間の薬、タバコ、ペレットの乾燥材による事故も。

Case 9 下痢をしている！

脱水と体温低下に注意。水分補給をさせて

お尻のまわりがぬれて汚れていたら、下痢の可能性があります。下痢をすると、同時に水分もたくさん出てしまうので、水分補給をさせながら動物病院へ。その際、下痢の水気によって体温が低下すると、血圧がガクッと落ちて危険です。タオルやキッチンペーパーなど、水分を吸収できる床材を入れ、温かくしましょう。

きちんとした対応を知ろう！
怖いね～

Check!

ウンチの状態はこまめに確認して！

ウンチは、健康状態を知るためのバロメーター。健康なときの状態を覚えておくと、体調の変化に気づきやすくなります。たとえば、つながりウンチは被毛を飲みこんでいる、カサカサウンチは脱水気味、つぶつぶしたウンチは消化不良の可能性が。

正常なウンチ

つながりウンチ

カサカサウンチ

つぶつぶウンチ

ハムスターがかかりやすい病気

かかりやすい病気をきちんと把握しよう

今どんなに健康なハムスターでも、病気になる可能性を秘めています。かかりやすい病気を理解しておくことは、いざというときに病気を早期発見できたり、治療・予防に役立つはず！

毎日の健康チェック（→80ページ）で「おや？」と思うことがあったら、診断シートで病気の可能性を探ってみましょう。

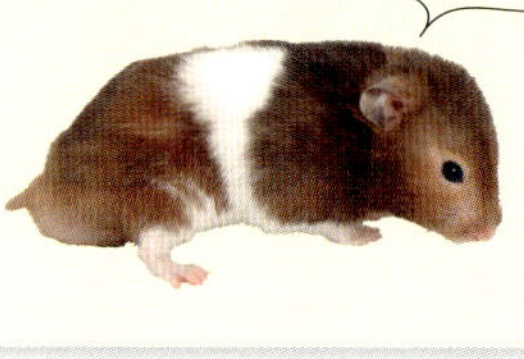

病気、けがのサイン診断シート

行動

ハムスターの症状

- □水を飲む量が増えた
- □食欲がない
- □呼吸がおかしい
- □くしゃみをしている
- □じっとして動きがにぶい
- □体が震えている
- □首をかしげている

考えられる病気、けが

- 腎不全《じんふぜん》 129ページ
- 肝臓病《かんぞうびょう》 128ページ
- 心不全《しんふぜん》 131ページ
- かぜ・肺炎《はいえん》 130ページ
- 熱中症《ねっちゅうしょう》 121ページ
- 疑似冬眠《ぎじとうみん》 121ページ
- 中毒《ちゅうどく》 123ページ
- 斜頸《しゃけい》 131ページ

足

ハムスターの症状

- □腫れている
- □歩くときに引きずっている

考えられる病気、けが

- 腫瘤《しゅりゅう》 131ページ
- 骨折《こっせつ》・ねんざ 120ページ

皮膚・被毛

- □お尻のまわりがぬれている、または汚れている
- □お尻から赤いものが出ている

- ウエットテイル 128ページ
- 子宮内膜症《しきゅうないまくしょう》 129ページ
- 直腸脱《ちょくちょうだつ》 128ページ

目

- □目やにが出ている → 結膜炎《けつまくえん》 126ページ／麦粒腫《ばくりゅうしゅ》 126ページ
- □目のふちがぬれている → 結膜炎《けつまくえん》 126ページ／麦粒腫《ばくりゅうしゅ》 126ページ
- □目が白くにごっている → 白内障《はくないしょう》 126ページ
- □眼球が飛び出している → 眼球突出《がんきゅうとっしゅつ》 126ページ

耳

- □かゆがっている → 外耳炎《がいじえん》・内耳炎《ないじえん》 127ページ
- □傷やできものがあったり、膿が出ていたりする → 外耳炎《がいじえん》・内耳炎《ないじえん》 127ページ

口

- □歯が伸びすぎている、曲がっている → 不正咬合《ふせいこうごう》 127ページ
- □フードを食べにくそうにしている → 不正咬合《ふせいこうごう》 127ページ
- □口内から変なにおいがする → ほお袋《ぶくろ》の炎症《えんしょう》 127ページ
- □ほお袋が口からはみ出している → ほお袋脱《ぶくろだつ》 127ページ／ほお袋《ぶくろ》の炎症《えんしょう》 127ページ
- □ほおが腫れている → 腫瘍《しゅりゅう》 131ページ

お尻

- □脱毛している → ニキビダニ症《しょう》 130ページ／アレルギー性《せい》皮膚炎《ひふえん》 130ページ／真菌性皮膚炎《しんきんせいひふえん》 130ページ
- □フケが出ている → ニキビダニ症《しょう》 130ページ／アレルギー性《せい》皮膚炎《ひふえん》 130ページ／真菌性皮膚炎《しんきんせいひふえん》 130ページ
- □皮膚が赤い → ニキビダニ症《しょう》 130ページ／アレルギー性《せい》皮膚炎《ひふえん》 130ページ／真菌性皮膚炎《しんきんせいひふえん》 130ページ
- □皮膚が黄色っぽい → 肝臓病《かんぞうびょう》 126ページ
- □腫れやしこりが見られる → 腫瘍《しゅりゅう》 131ページ／乳腺腫瘍《にゅうせんしゅよう》 129ページ／精巣炎《せいそうえん》 129ページ

排せつ物

- □下痢をしている → 肝臓病《かんぞうびょう》 128ページ／ウエットテイル 128ページ
- □ウンチに血が混じっている → ウエットテイル 128ページ
- □ウンチが出ない → 腸閉塞《ちょうへいそく》 129ページ
- □オシッコの色が濃い、においがきつい → 膀胱炎《ぼうこうえん》 129ページ
- □オシッコに血が混じっている → 膀胱結石《ぼうこうけっせき》 128ページ／膀胱炎《ぼうこうえん》 129ページ
- □オシッコの量が少ない → 腎不全《じんふぜん》 129ページ
- □オシッコの量が多すぎる → 腎不全《じんふぜん》 129ページ

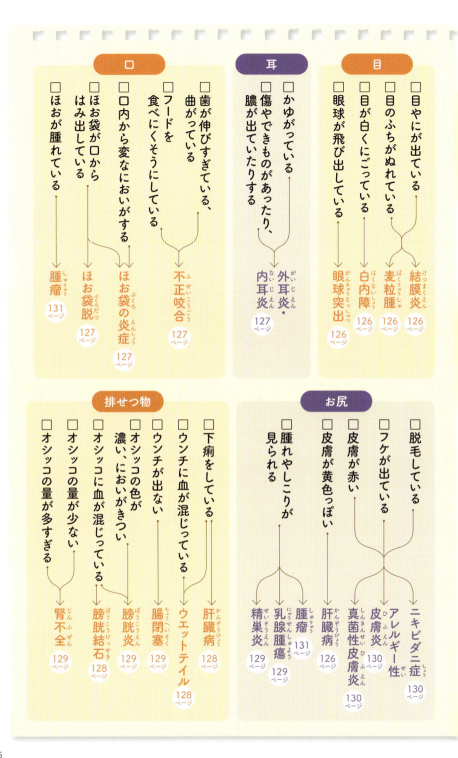

目の病気

原因の多くは細菌感染。飼育環境を清潔にして細菌が増えないようにしましょう。

結《けつ》膜《まく》炎《えん》

原因と症状 細菌感染や、ほこり、床材などのアレルギーが原因で結膜に炎症を起こし発症します。目のふちが赤くなり、目をしょぼしょぼとさせ、目やにや涙がたくさん出ます。

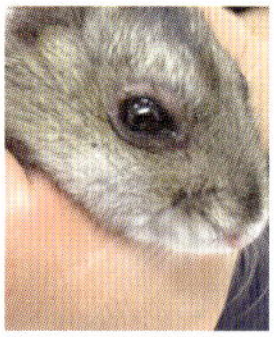

治療と予防 抗生物質の点眼薬で治療し、重症の場合は内服薬を使用します。ケージはこまめにそうじして、つねに清潔に。アレルギーの場合は原因となる床材などを取り除いて、ほかのものに交換しましょう。

麦《ばく》粒《りゅう》腫《しゅ》

原因と症状 細菌感染により、まぶたの内側にある皮脂腺が詰まったり、炎症を起こしたりすることで、まぶたや結膜が腫れたり、膿がたまって白いかたまりができたりします。

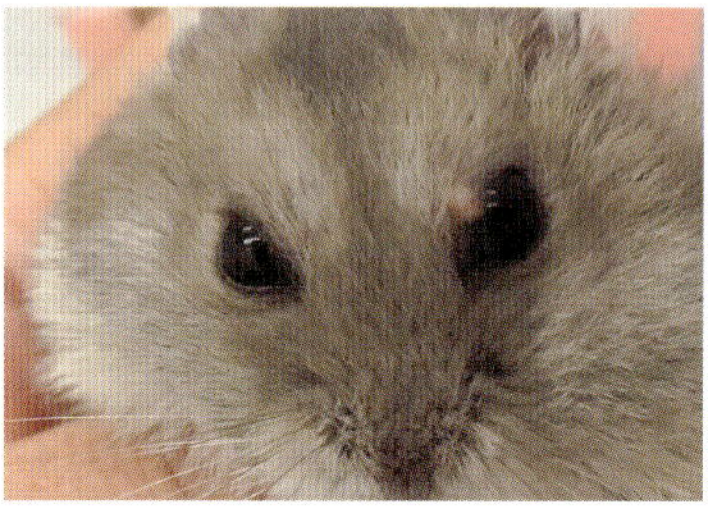

ジャンガリアンに多い病気。化膿してかたまりが大きくなる前に気づいてあげましょう。

治療と予防 抗生物質の点眼薬で治療し、効果がない場合は、切開手術をして膿を出します。一度発症すると、完治しても再発することが多いので、ケージ内は清潔にしましょう。

白《はく》内《ない》障《しょう》

原因と症状 眼球の中の水晶体が白くにごり、視力が低下していきます。進行すると失明する場合も。高齢になるとかかりやすい病気で、遺伝や内臓疾患、糖尿病が原因でも発症します。

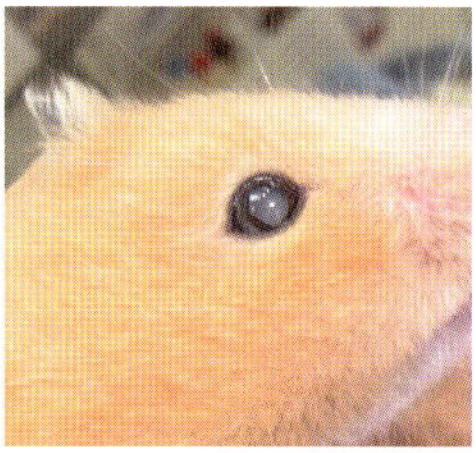

白くにごっている部分が水晶体。カメラでいうレンズの役割をしています。

治療と予防 目が小さいため手術ができず、完治はありません。点眼薬で進行を遅らせながら原因となった病気の治療もします。ほかの病気から発症しないように、食事のバランスに注意を。

眼《がん》球《きゅう》突《とっ》出《しゅつ》

原因と症状 眼球が飛び出してしまう病気。長時間そのままの状態だと眼球が乾き失明します。歯周炎により目の裏側に膿がたまり押し出されることもありますが、眼球自体に原因がある場合も。

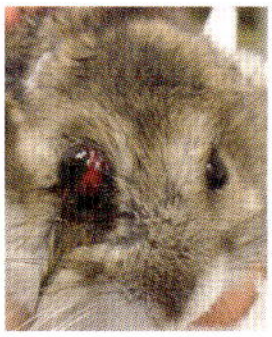

治療と予防 目薬や抗生物質で目の乾燥を防ぎます。膿が原因となっている場合は、手術をして膿を取り除きます。なお、首筋を強くつかむなどで眼球が飛び出すことも。接するときは注意しましょう。

耳の病気

ハムスターがしきりに耳をかいてかゆそうにしていたら、耳の病気を疑いましょう。

外耳炎《がいじえん》・内耳炎《ないじえん》

原因と症状 耳垢に細菌が繁殖して炎症を起こした状態が外耳炎です。耳にかゆみがあり、さらに、膿が出たり悪臭がしたりします。外耳炎が悪化すると、耳の奥まで炎症が広がり、内耳炎になります。

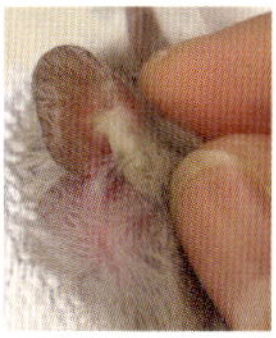

治療と予防 点耳薬や抗生物質を投与し炎症をおさえます。ハムスターが耳を引っかかないようにし、つめを切りましょう。症状が改善しない場合は、エリザベスカラーを装着することも。

口・歯の病気

前歯が伸び続け、口内にほお袋を持っているハムスター特有の病気があります。

ほお袋《ぶくろ》の炎症《えんしょう》

原因と症状 ほお袋の内側に食べものが付着し、取り出せないまま放置しておくと、ほお袋の中で腐って炎症を起こします。悪化した場合、ほお袋全体が腐ってしまうことも。

治療と予防 腐った食べものを取り出して、ほお袋の中を洗浄・消毒します。抗生物質を投与することも。ほお袋に付着しやすい、粘着性のある食べものは与えないようにしましょう。

ほお袋《ぶくろ》脱《だつ》

原因と症状 ほお袋が口から外に飛び出してしまう病気。もとに戻しても、気にして何度も出し入れしているなら、炎症や腫瘍がある可能性も。ほお袋内の傷や食べものの溜めこみすぎが原因です。

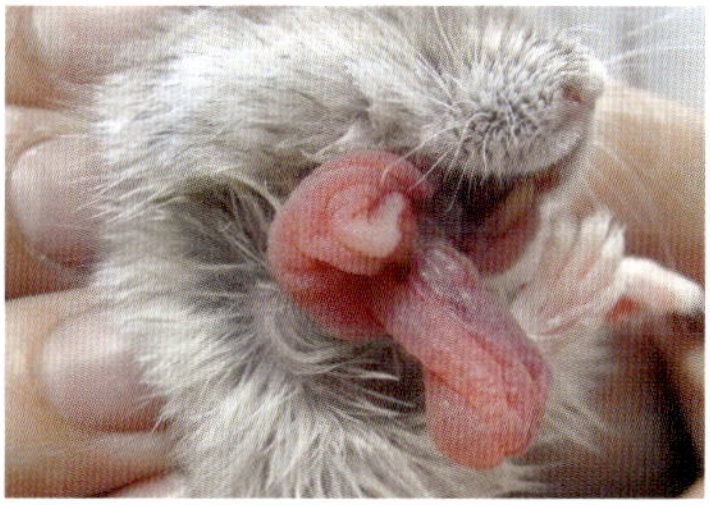

ほお袋が飛び出したままだと、自分でかんでしまうことも。すぐに処置を受けましょう。

治療と予防 ほお袋を消毒してもとに戻し、抗生物質を投与して炎症をおさえます。腫瘍がある場合は、手術で切除します。ほお袋内を傷つけるような食べものは与えないようにしましょう。

不正咬合《ふせいこうごう》

原因と症状 前歯が伸びすぎて曲がるなどし、歯がかみ合わない状態。口の中が傷ついたり食事ができなくなったりします。ケージをかじるクセや、やわらかいものばかりの食事が原因。

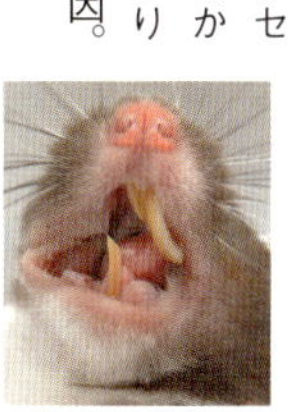

治療と予防 食生活、飼育環境を整え、予防しましょう。治療は、伸びすぎた歯を適切な長さにカットします。一度不正咬合になると、それ以降曲がって歯が伸びるようになるため、定期的なカットが必要になります。

消化器の病気

消化器の病気は命に関わることが多いので、一刻も早い処置が必要になります。

ウエットテイル

原因と症状 水のような下痢でお尻がぬれていたら、要注意。脱水症状を起こして命を落とすこともあるため、一刻も早く動物病院へ。細菌感染や寄生虫、食あたり、ストレスなどが原因です。

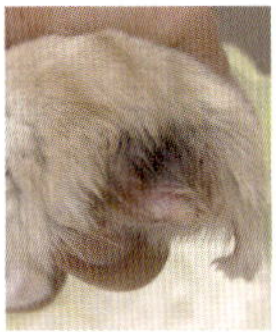

治療と予防 便検査やX線検査で原因を特定し、抗生物質で治療します。脱水症状があるときは点滴で水分を補給。寄生虫が原因のときは駆除を行います。正しい食事と飼育環境の徹底を。

肝《かん》臓《ぞう》病《びょう》

原因と症状 細菌感染や食生活の乱れなどから肝機能が低下し、食欲が落ちて下痢や黄疸が出ます。やせていきますが、腹水でお腹が膨張することも。

治療と予防 肝保護剤、肝強剤、抗生物質などの薬を症状に合わせて服用します。バランスのとれた食事を心がけ、たんぱく質や塩分のとりすぎに注意を。

腸《ちょう》閉《へい》塞《そく》

原因と症状 固まるトイレ砂や毛玉、綿などの消化できないものが腸につまるのが原因。ウンチが出なくなり、食欲が低下して死んでしまうことも。

治療と予防 潤滑剤の投与や点滴による処置を行います。重症の場合は開腹手術をして異物を取り出すこともあります。

直腸《ちょくちょう》脱《だつ》

原因と症状 下痢のしすぎや重度の便秘で腸が押されてひっくり返り、肛門から飛び出してしまった状態。ウエットテイルなどの激しい下痢の後に起こりやすく、命に関わる病気です。

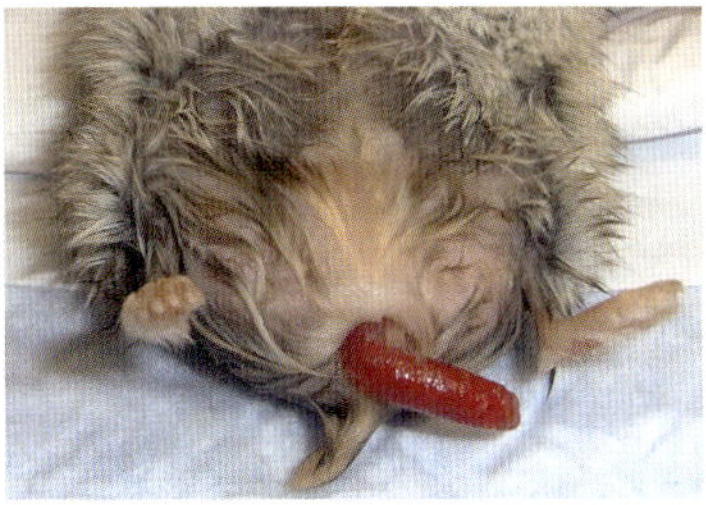

飛び出してしまった赤い腸は傷つきやすいので、直接ふれないようにします。

治療と予防 症状が軽いときは出ている腸を押し戻すこともありますが、ほとんどの場合は手術をして腸をもとの位置に戻します。下痢や便秘をさせないように、食事を管理して。

泌尿器の病気

オシッコの量は、少なくても多くても病気の可能性が。毎日のチェックを欠かさずに。

膀《ぼう》胱《こう》結《けっ》石《せき》

原因と症状 食事内容の偏りなどが原因で膀胱に結石ができ、オシッコが出にくくなります。血尿が出る場合も。

お腹をさわられるのを嫌がるようになり、さらに痛みもともないます。

治療と予防 点滴で水分を与えてオシッコを出やすくし、手術で結石を取り除きます。食事内容が偏らないように、正しい食生活を改めて確認しましょう。

膀胱炎《ぼうこうえん》

原因と症状 膀胱が細菌に感染して、色の濃いオシッコや、血が混じった赤いオシッコが出るようになります。腎臓障害やバランスの悪い食事が原因の場合も。

治療と予防 抗生物質の投与で治療しますが、手術が必要となる場合も。免疫力が弱っているときに発症しやすいので、バランスのよい食事と清潔な環境を心がけて。

腎不全《じんふぜん》

原因と症状 脱水や細菌感染などが原因の急性腎不全と、腎機能が衰えて起こる慢性腎不全があります。おもな症状は、食欲や活動性の低下や、被毛の荒れなどです。

治療と予防 急性腎不全は点滴で水分を与えて老廃物を排出。必要に応じて抗生物質で細菌を殺します。慢性腎不全は食生活の見直しを。

生殖器の病気

生殖器の病気は、オスよりもメスのほうがかかりやすい傾向があります。

精巣炎《せいそうえん》

原因と症状 オスのハムスターに発症します。睾丸の傷口から細菌感染して炎症を起こし、睾丸が赤く、腫れます。ホルモンバランスの乱れが原因のこともあります。

治療と予防 抗生物質や消炎剤を投与します。症状が改善しない場合や精巣腫瘍が確認された場合は、手術となります。とくに高齢のハムスターは腫瘍化している可能性が高いので、病院で検査を。

子宮内膜症《しきゅうないまくしょう》

原因と症状 メス特有に見られる病気で、とくに一度も出産経験のないゴールデンに多く発症します。おもな原因はホルモンバランスが崩れることで、子宮の内膜や子宮全体が腫れて、進行すると生殖器から出血します。

治療と予防 抗生物質や止血剤を投与し、改善しない場合は手術で卵巣と子宮を摘出します。高齢になると発症率が高くなります。手術は負担が大きいので、健康診断による早期発見が大事。

乳腺腫瘍《にゅうせんしゅよう》

原因と症状 乳腺部分の腫瘍はジャンガリアンのメスに多く、足のつけ根から胸の皮下あたりにしこりができます。乳腺癌の可能性もあるので、異変があればすぐに病院へ。

治療と予防 手術で腫瘍ができた乳腺を取り除き、傷口が閉じるまで安静にします。悪性腫瘍で手術ができない場合は、抗炎症剤や鎮痛剤などの内科的治療でＱＯＬ（生活の質）を維持します。

皮膚の病気

不衛生な飼育環境にあると、皮膚の病気にかかりやすくなります。清潔を心がけて。

ニキビダニ症《しょう》

原因と症状 ハムスターの皮膚にもともと寄生しているニキビダニというダニが原因です。免疫力が低下すると増殖し、かゆみ、フケ、脱毛などの症状を引き起こします。

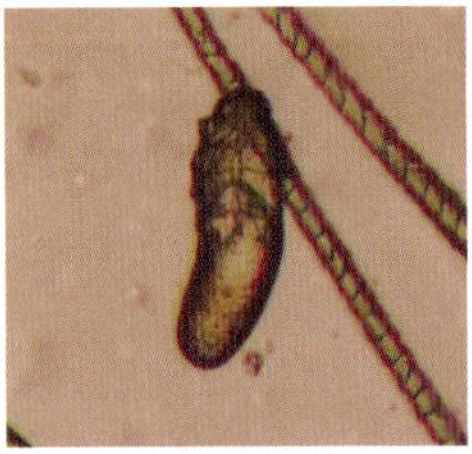

寄生したニキビダニ。症状が進行するとかゆみがひどくなり、食欲不振でやせてしまうことも。

治療と予防 飲み薬や塗り薬、注射などを用いてダニの駆除を行います。免疫力が低下しないように、日ごろからストレスに注意し、ケージ内の環境や食事のバランスにも気をつけましょう。

予防できる
病気も多いよ

脱毛しやすい箇所
ゴールデン
ドワーフ
お尻
お腹

アレルギー性《せい》皮《ひ》膚《ふ》炎《えん》

原因と症状 ケージ内の床材や食べものなどへのアレルギー反応が原因の皮膚炎。お腹や胸などに発疹があらわれ、かゆみや脱毛などの症状を招きます。

治療と予防 かゆみ止めや抗生物質などを投与して治療しますが、アレルギーの原因である原因物質を特定し取り除くことが、いちばんの治療になります。

真《しん》菌《きん》性《せい》皮《ひ》膚《ふ》炎《えん》

原因と症状 カビが原因となって、かゆみとともに皮膚がかさついてフケが出ます。免疫力が落ちているときや、不衛生な環境だと発症しやすくなります。

治療と予防 飲み薬と塗り薬で治療。ケージを清潔にしてカビの発生をおさえます。人にも感染するためお世話後は手を洗って。

呼吸器の病気

呼吸の異変に気づいたときには病状が進行していることが多いので、注意しましょう。

かぜ・肺《はい》炎《えん》

原因と症状 ハムスターも人間と同じように、細菌やウィルスの感染、不適切な室温などでかぜをひきます。くしゃみ鼻水からはじまり、かぜが悪化すると肺炎になり呼吸困難におちいります。

治療と予防 抗生物質を投与し、呼吸困難には酸素吸入をします。かぜの段階で病院に連れて行くことが大事。ケージ内の温度は一定に保ち、清潔な環境と適切な食事で免疫力を高めましょう。

その他の病気

不適切な飼育環境と食事の影響で病気になることも多いので、お世話を見直して。

腫《しゅ》瘤《りゅう》

原因と症状 体にできるしこりを総称して腫瘤といいます。厳密には、けがが原因で皮下に膿がたまりできたものが膿瘍。こりこりしたものは腫瘍の疑いがあり、悪性と良性があります。

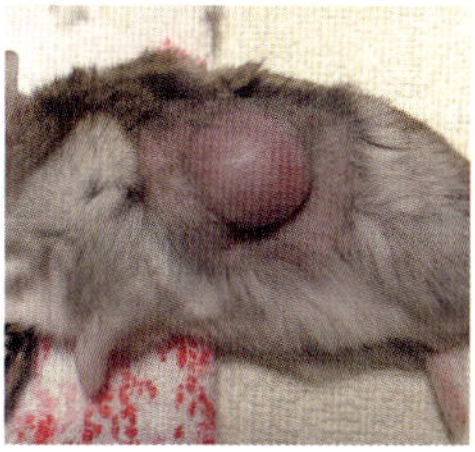

腹部にできた腫瘤。しこりができやすい箇所は異常がないか入念にチェックしましょう。

しこりができやすい箇所
耳
首
足のつけ根
ほお袋
胸
お腹
生殖器

治療と予防 手術でしこりを取り除きます。手術が難しい場合は、対症療法でＱＯＬの維持をめざします。毎日の健康チェックで早期発見に努めましょう。

心《しん》不《ふ》全《ぜん》

原因と症状 高齢のハムスターがかかりやすい病気で、高血圧や肥満も原因になります。心臓の働きが弱くなることで、呼吸困難になり体温と食欲も低下。ぐったりして動けなくなります。

治療と予防 酸素吸入を行い、強心剤、利尿剤などで症状を抑えます。心臓に負担がかからないように運動は控える必要が。ふだんから高血圧の原因になるような塩分や脂肪分の高い食事は避けましょう。

毎日の食事が大事だね！

斜《しゃ》頸《けい》

原因と症状 高い場所から落ちたときの衝撃や、内耳の細菌感染などにより、バランスを司る器官が損傷して起こります。頭が片側に傾いてしまい、食欲不振やめまいなどの症状もあります。

治療と予防 抗生物質や抗炎症剤を投与し治療します。首が傾いて自力で飲食ができない場合は、飼い主さんの介助が必要になります。落下事故などが起きないように十分に注意しましょう。

斜頸は病気の名前ではなく、神経にダメージを受けることで起こる症状をさします。

おうちで看病するときは

環境管理を徹底し、獣医の指示通り看病を

病気になったら、動物病院へ行って診察を受けて終わり……ではありません。入院の必要がない場合は、薬などをもらって自宅で看病することになります。獣医さんに、看病のやり方や注意点などくわしく聞いておきましょう。

まずは、看病に適した環境を整えることが重要。抵抗力が弱まり、細菌感染の危険性が高まっているので、清潔を心がけましょう。さらに、あまりかまわないようにし、安静にさせて。薬は指示通りの量、回数を与えてください。

さらに、ハムスターが病気になった原因を見つけ、取り除くことが肝心。再発防止に努めましょう。

温かく清潔な環境をつくろう

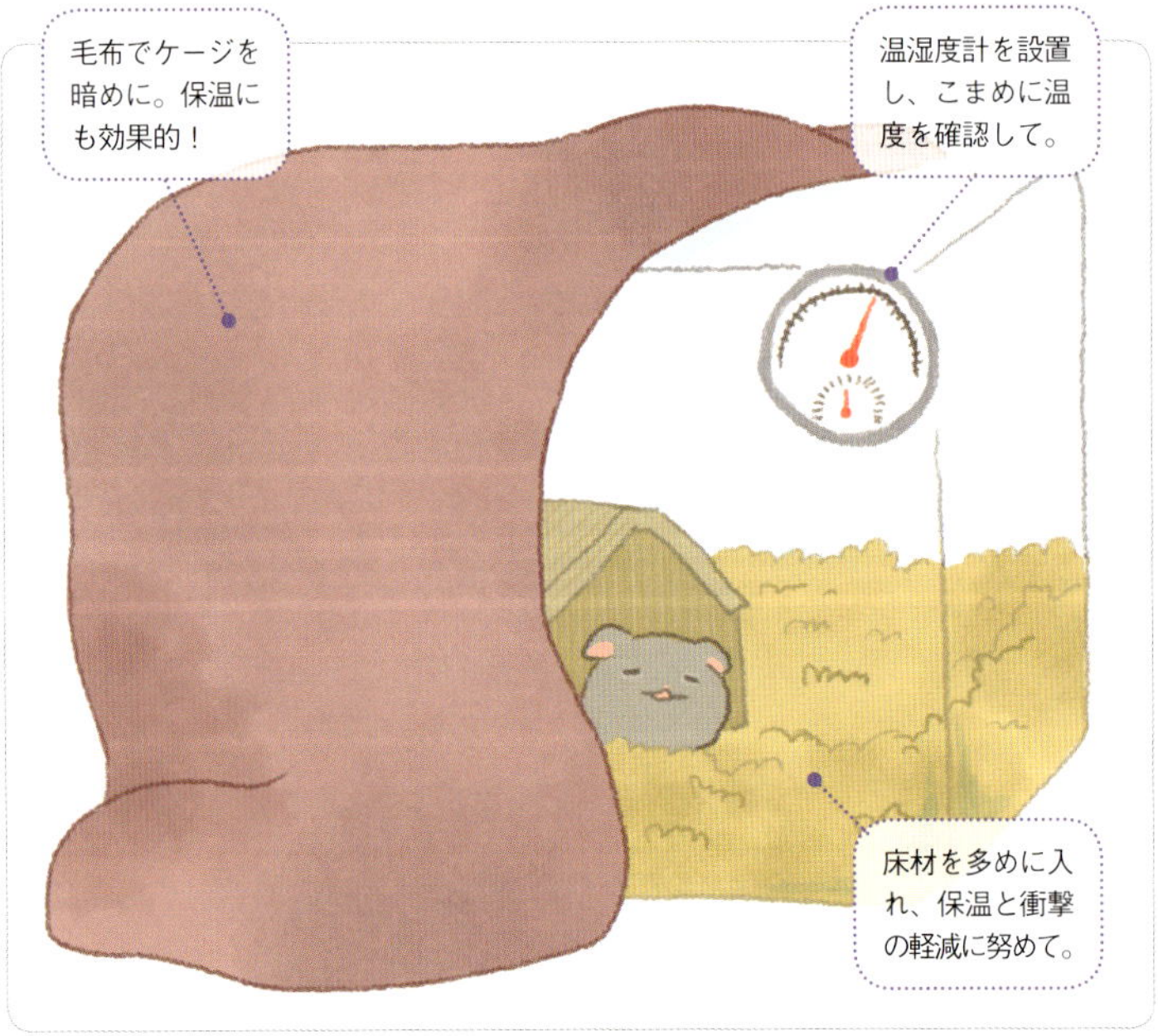
毛布でケージを暗めに。保温にも効果的！
温湿度計を設置し、こまめに温度を確認して。
床材を多めに入れ、保温と衝撃の軽減に努めて。

Point1 やや暗めにすると落ちつける

ハムスターは、少し暗い環境のほうが落ちつけます。布などをかけてケージ内を暗くしましょう。ケージをのぞいたり、頻繁に布をめくのはストレスになるのでNGです。

Point2 ケージ内はふだんより温かく

ケージ内の温度が低いと、体温を上げようとして体力を使います。ふだんより少し高め、22～27℃くらいに設定しましょう。床材もたっぷり入れて。

栄養を十分に補給させよう

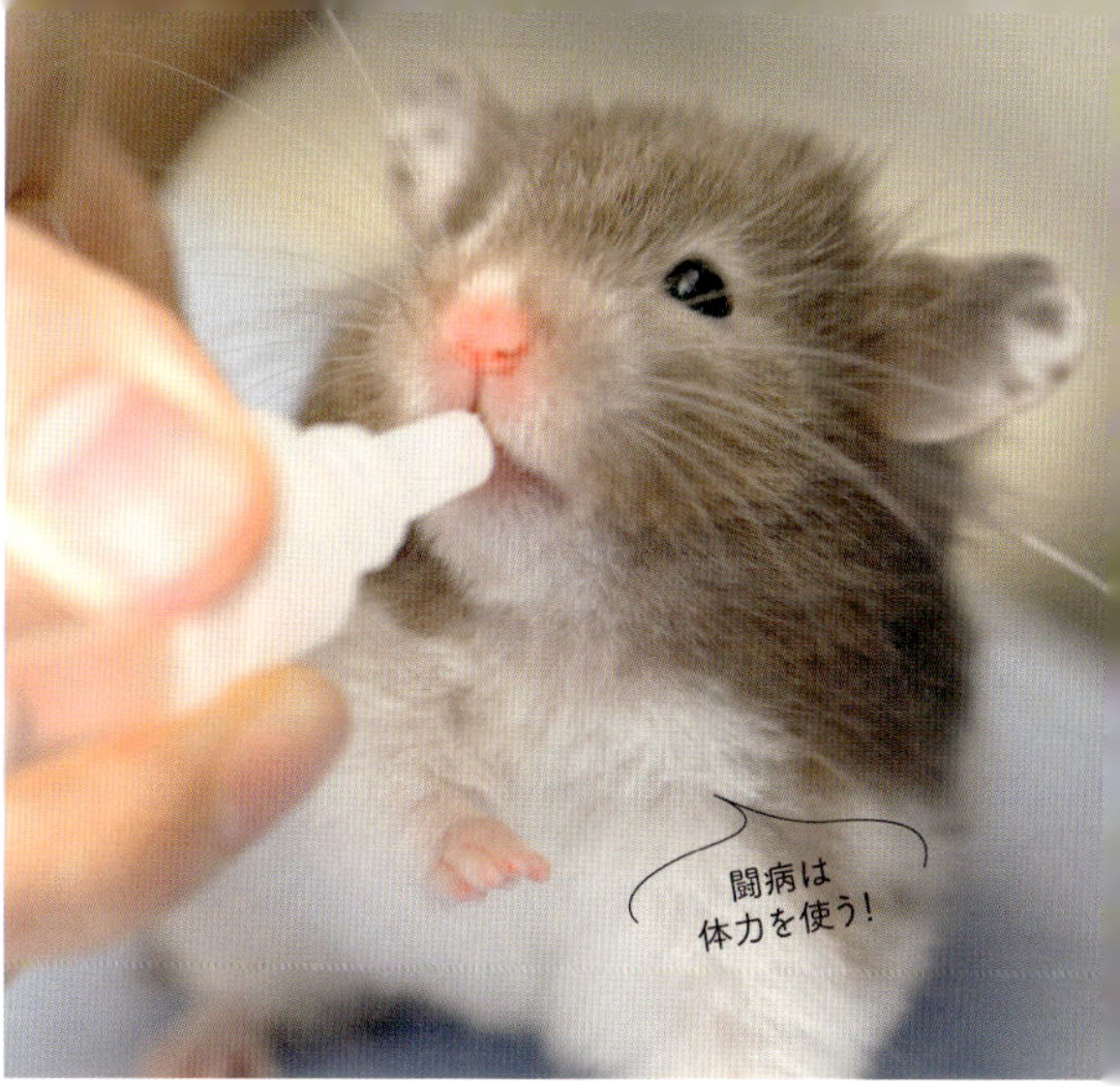

ふだんの適量は守らなくてOK！

闘病中は、ふだんより体力を使うため、たくさんのエネルギー、栄養素が必要になります。ところが、病気のときは食欲が落ちるもの。ペレットをふやかしてやわらかくする、野菜をペースト状にするなど、食事が吸収しやすくなる工夫をして。

Point 1

食べてもらうことを最優先に

多少カロリーオーバーでも、たくさん食べてもらうことが最優先。ハムスターの好物を与えるなどし、食欲を刺激して。日ごろからハムスターの好みをさぐることも大切です。

Point 2

飲水量をこまめに確認！

闘病中は力が弱まっており、給水ボトルから上手に水を飲めなくなることも。飲水量をこまめに確認し、水を飲めていないようなら、お皿で与えるか野菜で水分補給させて。

Check!

ほかのハムスターへの感染に注意！

病気の中には、ハムスター同士で伝染してしまうものがあります。ほかにもハムスターを飼っている場合は、すぐに病気の子を離して。さらに、お世話の後に手や道具を洗う、同じ飼育グッズを使い回さないなどを徹底しましょう。

感染を防ぐために

- ☑ケージを別々に分けよう
- ☑お世話後は手と道具をきちんと洗おう
- ☑お世話グッズは、できれば別のものを使用する

処方薬を与えるときは

自己判断は厳禁。指示された投薬方法を守ろう

ハムスターには、動物病院で処方された薬を与えます。その際、勝手に量や回数を変えたり、与えなかったりするのはＮＧ。自己判断せず、決められたルールをきちんと守りましょう。また、投薬時は体を保定する必要があるため、ハムスターが嫌な思いをする可能性が。飼い主さんを敵とみなすこともあるので、嫌な印象を与えないよう、必要に応じ手袋をするなど工夫しましょう。

飲み薬の与えかた

1 ハムスターの体をしっかり保定しよう

ハムスターが暴れないよう、体を保定します。手のひらにハムスターをのせて引っくり返し、親指で軽くおさえましょう。このとき、力を入れすぎたり、ハムスターの口や鼻をふさがないよう気をつけて！

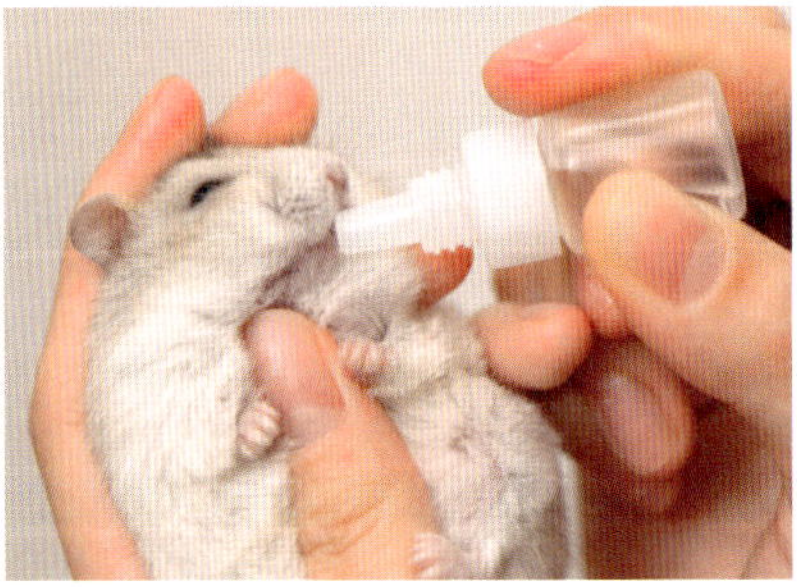

2 ハムスターの口もとに薬を流しこもう

ハムスターの頭をしっかり固定したら、スポイトなどで薬を口もとに流しこみます。口を開いてくれない場合は、口の両側に親指と人さし指を添え、軽く押すと開きやすくなります。

Memo

甘い薬なら自分から飲んでくれる！

ハムスターが喜ぶ甘い薬なら、わざわざ保定しなくても、ハムスターが自分から飲んでくれるかも。獣医さんに相談してみましょう。

目薬のさしかた

しっかり保定して目薬液を目にのせよう

飲み薬を与えるときと同じように保定したら、反対側の手で目薬を持ち、目の上にそっと垂らします。ハムスターがまばたきをしたら、浸透したサイン。綿棒で余計な目薬液を拭き取りましょう。

消毒のやりかた

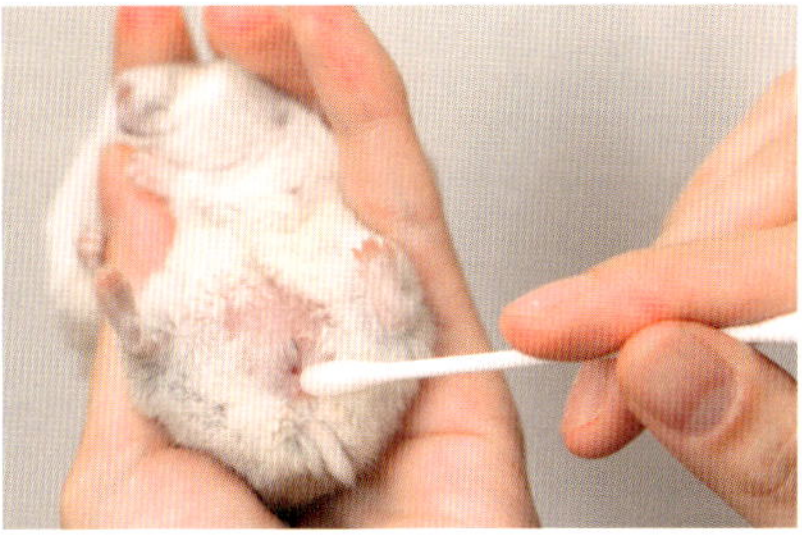

綿棒に消毒液をつけ患部にそっと当てて

傷ができている場合や化膿している場合は、患部を定期的に消毒する必要があります。綿棒の先に消毒液をつけてハムスターを保定し、患部にちょんちょんと綿棒を当てるようにしましょう。

Check!

保定が苦手な子は？

前述した通り、保定が苦手な子の場合、無理をすると飼い主さんとの信頼関係が傷つくことが。手袋をするか、ここで紹介するタオルを使う方法で保定できます。どうしてもできない場合は、獣医さんに看病のやり方を相談してもよいでしょう。

1 ハムスターにタオルを近づける

ハムスターをひざなどに乗せ、利き手で注意を引きながら、反対の手で背中から小さめのタオルをゆっくり被せます。

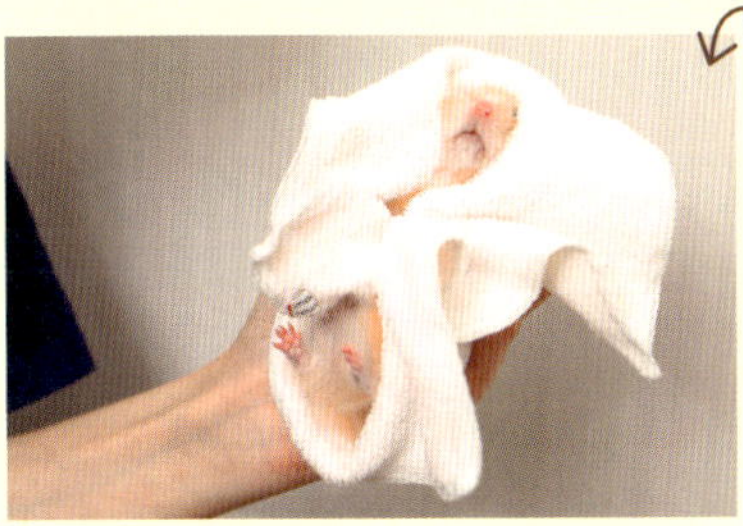

2 タオルごとくるっと引っくり返す

そのままハムスターの体をつかみ、くるっと背中側に引っくり返しましょう。このまま、空いている利き手で投薬を行います。

赤ちゃんを産ませたいときは

妊娠・出産はよく考え、万全の準備をしてから

ハムスターの妊娠・出産を考える前に、リスクについても知っておく必要があります。メスにとって出産は命がけの大仕事。体への負担が大きく、トラブルがあれば母も子も死んでしまう場合があります。また、ハムスターは一度の出産に平均で、ゴールデンで8匹、ドワーフで4匹の赤ちゃんを生みます。生まれてきたすべての赤ちゃんのお世話が、経済的にも環境的にも可能なのかよく考えてみましょう。里子に出す場合には、事前に里親を探しておく必要があります。すべての条件がクリアできてから、準備を万全にして、妊娠・出産に臨みましょう。

繁殖の3つの条件

繁殖が可能な月齢か

個体差はありますが、生後３か月くらいから繁殖が可能です。高齢で出産させるのは危険なので、メスは１歳くらいまでを適齢期と考えましょう。オスは２歳まで繁殖可能です。

ハムスターが健康か

出産は体に大きな負担がかかるので、健康で体力が十分にあることが大前提。健康に不安がある場合や、やせすぎ、太りすぎのハムスターは繁殖に向いていません。

繁殖に適した季節か

ハムスターの繁殖は１年中可能ですが、体力が落ちる真夏と真冬は向いていません。気候がよく過ごしやすい春か秋に出産・子育てができるように計画を立てましょう。

注意！

近親の交配はNG！

親子やきょうだいなど近親にあるハムスター同士の繁殖は、障害を持った子が生まれる確率が高くなり、かかりやすい病気が遺伝する場合が。繁殖の相手は、血のつながりのない子を選びましょう。

Step 1 お見合いをさせよう

お見合いで相性を確かめてから交配させましょう

いきなり同じケージに入れても交配はうまくいきません。ようすを見ながら、2匹をいっしょにするのが成功させるコツ。まずはケージごしにお見合いをして、お互いに相手になれさせましょう。

メスは4日周期で発情するので、メスが発情したタイミングでメスをオスのケージに入れます。激しくけんかをするようなら、お見合いは断念。再チャレンジは1週間以上あけてからにしましょう。

妊娠成立までの流れ

1

ケージごしにお見合いさせ、発情サインを待つ

ケージを並べて、お互いの姿やにおいになれされます。メスは4日に一度発情するので、少なくとも4日はようすを見ることが必要。あせらずに発情のサインを待ちましょう。

2

メスが発情したら、メスをオスのケージに入れる

メスの生殖器からクモの糸のような半透明の液体が出たら、それが発情のサインです。メスは自分のテリトリーに入られるのを嫌がるため、メスをオスのケージに入れます。

けんかしてしまったり、長時間にわたって威嚇していたりしたら、無理をせず２匹を離しましょう。興奮して飼い主さんにかみつくことがあるので、軍手をして防いで。

3

交尾を確認したらメスをケージに戻す

交尾は1時間くらいの間に、くり返し行われます。できるだけ静かにして見守ってあげましょう。交尾が終わるとメスは攻撃的になるので、もとのケージに戻します。

4

メスに膣栓が見られたら無事に妊娠成立！

交尾から20〜24時間後に、メスの生殖器に膣栓という白いろうのようなかたまりができたら、妊娠確定です。10日ほどすると、お腹が大きくなってきます。

Step 2 出産まで落ちつける環境づくりを

落ちつける環境と栄養補給で出産をバックアップ

めでたく妊娠したら、赤ちゃんが健やかに生まれてくるように環境を整える必要があります。落ちついて出産できるようにハウスを準備してあげましょう。出産と子育てに備えて、しっかり栄養をとって体力をつけさせる必要もあります。

また、妊娠したハムスターはとても敏感。いくら飼い主さんでも、存在を感じるだけでストレスになることも。静かに過ごせるよう環境を整えて。

出産用ケージのつくり方

- ケージは、保温性が高くけがをしにくい「水槽タイプ」がベスト
- 子育てをするための大きめの巣箱を設置
- ダンボールや布で周囲を覆って暗くして
- 床材をたっぷり入れておこう

環境

静かな環境をつくり刺激は極力少なく

デリケートになっているハムスターを刺激しないように、毎日のお世話は必要最低限のそうじと食事と水の交換だけにします。巣づくりをはじめたら、そうじは控えましょう。回し車や散歩などの運動も禁止です。

食事

フードの量を倍にし栄養をたくさん補給させて

妊娠10日目くらいから、見た目がふっくらしてきて食欲が出てきます。妊娠中はビタミン、カルシウム、たんぱく質が必要になるため、ペレットに加えて、野菜、ミルワーム、チーズなどを多めにあげましょう。

Step 3 出産後はハムスターに任せて

安心して子育てできるように そっと見守りましょう

出産後のハムスターは、妊娠中以上に神経過敏になっています。赤ちゃんが気になっても、ケージをのぞいたり、手を入れたりしてはいけません。離乳前の赤ちゃんに人間のにおいがつくと育児放棄することもあるので、ぐっと我慢を。生後1週間はそっと見守るだけにして、栄養バランスのよい食事と水を十分に与えましょう。

Check!

子育て中の注意点

- ☑栄養価の高いフードを与えよう
- ☑ケージの持ち運びは禁止
- ☑そうじは控えめに、排せつ物の処理程度で
- ☑ケージののぞき見はNG

赤ちゃんハムスターの成長

生後間もなく

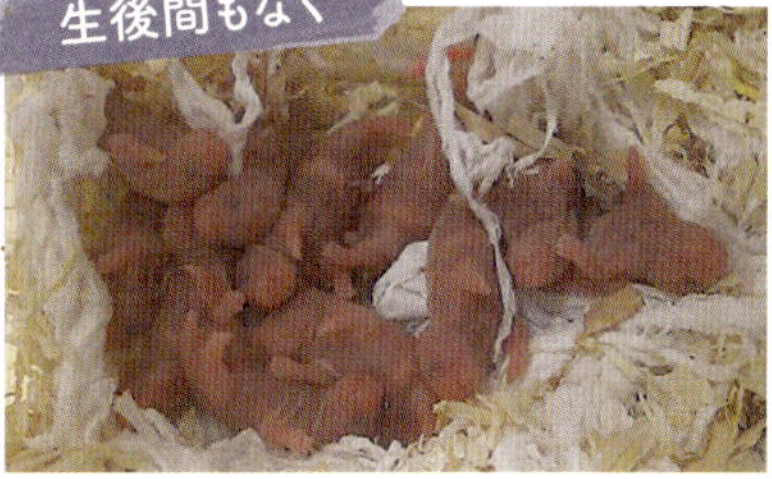

生まれたばかりの無防備な状態

生まれたばかりのハムスターは、毛が生えていない状態。目もまだ開いておらず、耳も聞こえません。きょうだいと体を寄せ合って眠っています。

生後1週間程度

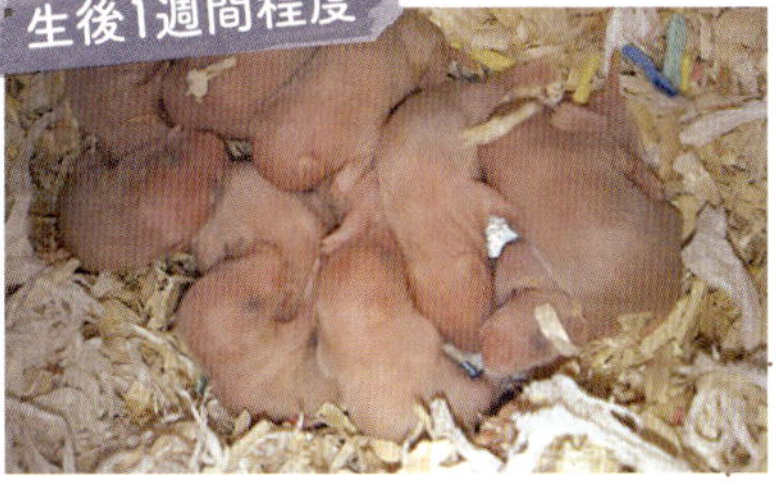

体に毛が生えてよちよちと歩き出す

体に毛が少しずつ生え、耳の形がはっきりしてきます。よちよちと歩きはじめる子もいるでしょう。日々の食事はお母さんのおっぱい中心です。

生後2週間程度

ほお袋を使いはじめるなどの成長も

全身に毛が生えて、目が見え耳も聞こえます。自由に動きまわり、毛づくろいをし、ほお袋を使いはじめるなど著しい成長が見られます。

生後3週間以降

ほとんどが離乳し自分で食事する

ひとりで食事ができるようになり、この時期に離乳をします。もう飼い主さんがさわっても大丈夫！ケージの中をそうじしましょう。

高齢ハム

シニアハムスターのお世話

老化に合わせて食事と環境の見直しを

ハムスターの平均寿命は短く、だいたい2～3歳くらいとされています。個体差はありますが、老化の兆候が現れるようになるのは、1歳半くらいから。ハムスターの老化に合わせてお世話も変えていく必要があります。食事と環境を見直し、病気やけがにも注意を。快適なシニアライフが送れるように気を配りましょう。

シニアハムスターの変化

毛づやが悪くなる

自分で毛づくろいをすることが少なくなり、毛づやがなくなって毛並みも悪くなります。

背骨が曲がる

骨が弱くなるため、背骨が曲がってしまい前屈みをとるような姿勢になります。

目が白くにごる

目から輝きが失われ、白くにごったようになり視力も低下します。

動きがにぶくなる

筋肉が衰えるので、足腰が弱くなります。思うように体が動かないため、動作もにぶくなります。

消化機能が衰える

消化機能が衰えることで、胃腸の働きが弱くなります。下痢を起こしやすくなることも。

ほお袋のものが出しにくくなる

ほお袋に入れたものが出しづらくなったり、片側のほお袋ばかりを使うようになったりします。

あごの力が弱くなる

あごの力が弱くなるため、食事がとりづらくなります。やわらかいフードをあげるようにしましょう。

ハムスターが生活しやすいよう手助けを

体に負担をかけないように飼い主さんがフォローしよう

高齢になるとさまざまな機能が衰えるために、これまでできていたことも難しくなってきます。住環境や食事の見直しが必要になるとともに、体のお手入れなども、飼い主さんの手助けが必要になります。とくに気をつけたいのが健康管理。病気やけがを予防することが重要になります。

住環境　段差をなくして温度・湿度を一定に

ケージは足を引っかけるおそれがない水槽タイプがおすすめ。ケージ内はできるだけ段差がないように整え、おもちゃは外に出しましょう。温度と湿度の変化は体力を消耗させるため、一定に保つようにします。

食事　消化のよいものを食べやすい状態に

消化のよいものを、できるだけ食べやすくして与えましょう。ペレットは小さく砕くか、水でふやかしてやわらかくします。野菜やくだものは、すりおろして。運動量が減るので、高脂肪のものは控えましょう。

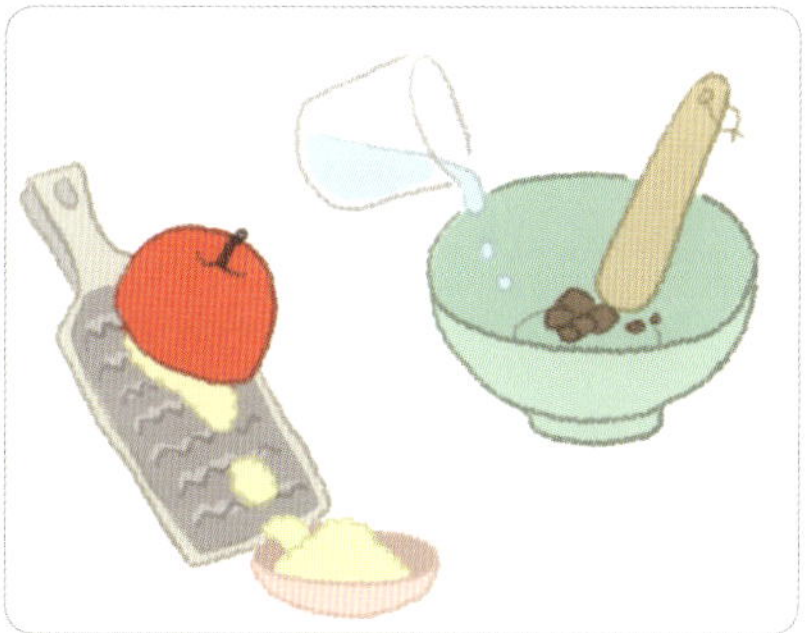

お手入れ　できないお手入れは飼い主さんが手助け

新陳代謝が悪くなり、毛づくろいの回数も減るため、皮膚の病気にかかりやすくなります。ブラッシングが必要な場合もありますが、ハムスターの皮膚は薄く裂けやすいので、獣医さんにやり方を聞いてからが安心。

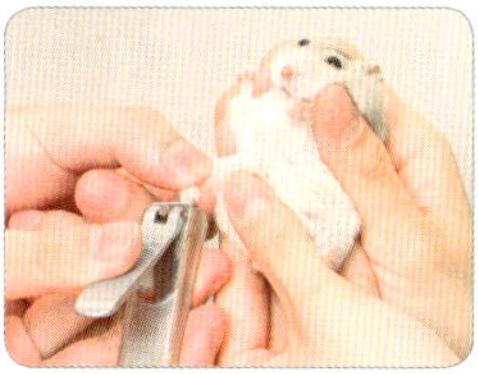

動きが減ることで、自然と削れていたつめも伸びがちに。けがの原因になるので、飼い主さんがカットしましょう。

健康管理　健康診断で病気とけがを予防

高齢で体力が衰えてくると、どうしても病気にかかりやすく、また治りにくくなります。毎日の健康チェックを徹底するとともに、獣医師とも相談し健康診断の回数を増やすなどして、病気やけがを予防しましょう。

お別れのときがやってきたら

最期まで愛情をもってお世話しよう

考えるだけで悲しくなりますが、ハムスターの寿命は人よりもずっと短いので、お別れのときはかならずやってきます。大切なハムスターとのお別れはとてもつらいことですが、愛情と責任をもって見送ってあげることが、飼い主としての最後の努めです。後悔のないように毎日精一杯お世話をして、楽しい思い出をつくりましょう。

そして、その日がやってきたら、納得のいくお別れができるように、供養の方法を考えておくことも大切です。飼い主さんに手厚く葬ってもらえれば、ハムスターもきっと安らかに天国に旅立つことができるはずです。

ハムスターの見送りかた

・自宅で埋葬する

自宅に庭があれば、埋葬してあげましょう。土に還りやすい素材でできた箱などに納め、ほかの動物に掘り起こされないように30センチ以上の深さの穴を掘って埋めます。

・自治体で火葬する

自治体によっては、ペット専用の火葬場でハムスターの火葬ができます。合同葬、個別葬、火葬の立ち会いや遺骨の返却など、スタイルは異なるので役所に問合せてみましょう。

・ペット霊園で供養する

火葬からお墓づくりまでさまざまな選択肢があり、葬儀に関する一切をお願いできます。サービスの内容や料金については霊園によって異なるので、事前に確認しておきましょう。

Question

ペットロスになったら?

つらいときは思いきり泣いて、悲しみをはき出してしまいましょう。思い出を人に話すことでも、気持ちはずいぶん楽になります。どうしても立ち直れないときは、カウンセリングを受けてみても。

もっと! 特別巻末付録

ハムスター仲よしBOOK

「ハムスターについてもっと知りたい！」、「愛ハムとの信頼関係を深めたい！」
という飼い主さんのために、ハムスターの気持ちを読みとる方法や、
かわいい写真の撮り方などを大紹介します。

CONTENTS

ラブラブのヒケツ、
教えるよ♥

ハム語解読辞典

表情やしぐさ、行動を観察して、ハムスターの気持ちを
読みとる方法をレクチャーします！

ハム語を読みとって信頼関係を築こう！

ハムスターはほとんど鳴かず、また一見表情がないように見えます。しかし、よく観察すると、じつはとっても表情豊かで、しぐさのバリエーションも豊富。いろいろな気持ちを表現しているのがわかるはず。

ハムスターと仲よくなるには、彼らが全身で表現している気持ち（＝ハム語）を読みとり、意思の疎通をはかることが重要です。とくに、ハムスターの「怖い」というサインは見逃さないこと！　サインを無視して接すると、自分の身を守るために飼い主さんを警戒するようになってしまいます。ハム語を読みとって、愛ハムに信頼される飼い主を目指しましょう。

Memo

ハムスターの感情の基本は〝安心〟と〝警戒〟

ハムスターには、人間のような繊細な感情はありません。ハムスターの感情の基本となるのは、「安心」と「警戒」です。ここが「安心」して過ごしてもよい環境なのか、それとも周囲を「警戒」しなければならないのか。その気持ちが根っこにあって、さまざまなしぐさとなります。ハムスターが見せるしぐさが「警戒」によるものばかりなら、おうちが安心できないのかも……。その場合は、環境を見直した方がよいかもしれません。

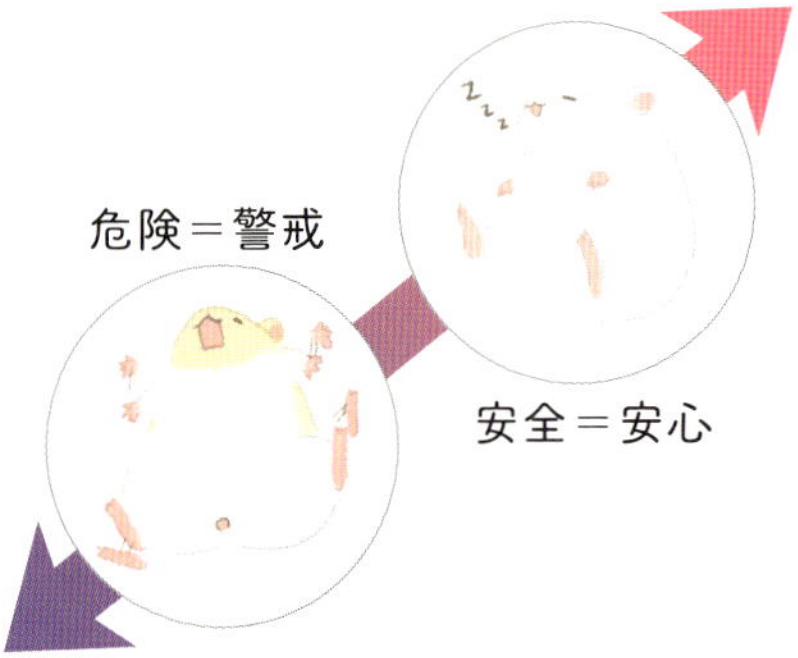

表情編

•目をぱっちり！

あれは何？

目を見開くのは、対象物の正体を確認したいから。ぱっちりお目めで近づいていく場合は、よい意味で興味しんしんなのでしょう。

or

心配だ…

ぱっちり目を開けたまま、その場で固まっていたり、身を低くしている場合は、対象物に危険を感じている可能性が高いです。

•ウインク！

ゴ、ゴミが…

ハムスターには、ウインクで相手に気持ちを伝える習性はありません。単に、何かゴミが目に入って片目をつぶっているだけでしょう。

•目がしょぼしょぼ

まぶしいよー

「まぶしい！」というサイン。巣箱の屋根を外したり、急に電気をつけたりしませんでしたか？　目やにが出ていたら病気の可能性が！

•鼻をひくひく

何だろう…

ハムスターは嗅覚がとてもすぐれています。鼻をひくひくさせるのは、においを嗅いで周囲の情報を探ろうとしているのでしょう。

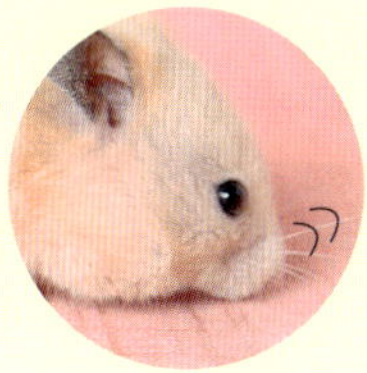

•耳をピン！

気になるっ

周囲の音を聞き逃すまいとして、耳を立てているのでしょう。もしかしたら、人間には聞こえないような音を拾っているのかも!?

•耳が後ろ向き

警戒中…

警戒度が高め。怒っていたり、怖がっていたりと、ネガティブな感情です。さらに立ち上がっていたら、相手を威嚇しています。

•耳がペターン

リラックス♥

周囲を警戒していると、音で情報を探ろうと耳を立てます。そのため、耳を寝かせているなら、リラックス気分なのでしょう。

鳴き声編

•「キーキー」鳴く

警戒度ＭＡＸ！ 「ジジッ」よりもさらに強い抵抗感をもっています。パニックになっていることもあるので、決して手を出さないようにしましょう。

•「ジジッ」と鳴く

やめてよ!

ふだん鳴かないハムスターが鳴くということは、相当感情的になっている証拠。「ジジッ」は、「やめてよ！」という威嚇です。

•無言で「はくはく」

〜♪

近い分類のマウスは、発情期に超音波で歌って求愛するそう。ハムスターも、超音波で交信するといわれているため歌ってるのかも！

•歯を「ガチガチ」

不満だっ

食事中に手を伸ばされて「やめろっ」、というような軽い不満を表しています。気が強い性格の個体によく見られるようです。

Question

ハムスター同士のコミュニケーションって？

ハムスターは、犬のように鳴き声でコミュニケーションをとりません。ではどうするかというと、「におい」で仲間と連絡をとるといいます。ちなみに、ハムスター同士のあいさつは、鼻をくっつけて相手の情報を確認すること。においには、それだけの情報が詰まっているのです。また、マウスと同じように、人間には聞こえない「超音波」でコミュニケーションをとっているともいわれています。

しぐさ、行動編

•ぐ～っと伸びる

ストレッチ～

人間が伸びるのと同じで、体を伸ばしてストレッチをしているのでしょう。いっしょに見られるあくびは、なかなか激しい形相です。

•首をかしげる

あれは何？

気になるものがあるとき、顔を傾けて視点を変え、五感をフル稼働して正体を探ります。また、斜頸《しゃけい》(→131ページ)の可能性も。

•気絶する

ぎゃ～っ

気が弱い子の場合、大きな音などを聞いて気絶してしまうことが！「偽《ぎ》死《し》」と呼ばれ、フリーズよりもさらに恐怖を感じています。

•固まる

……

フリーズしたように固まるのは、恐怖を感じて、敵に見つからないようやり過ごそうとしているとき。さわらず、そっとしてあげて。

•ほふく前進をする

慎重に、慎重に……

体を低くしてゆっくり歩く場合は、警戒して、慎重に慎重を重ねているのでしょう。とくに、はじめての場所などで見られます。

•立ち上がる

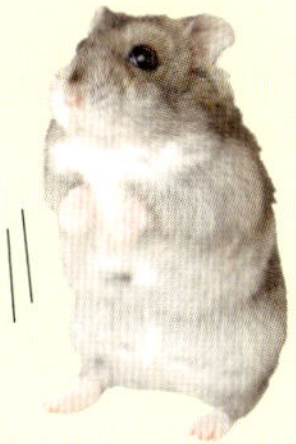

気になるっ

何かに興味をもって、遠くを探りたいとき、立ち上がって広い範囲の音やにおいを拾おうとします。よく立つ子は好奇心が強いのかも。

•ぺたんと座る

リラックス♥

お尻を床についているとき、足裏は地面から離れます。つまり、すぐには逃げだせない格好。警戒心なくリラックスしているのでしょう。

•あお向けになる

こ、怖いよ～っ

あお向けになって暴れるのは、「怖い！」「攻撃するぞ！」のサイン。唯一の武器である歯でかみつき体勢をとっているのかも！

・ほお袋の中身を出す

身軽になって、すぐに逃げられるようにしているのでしょう。食べものは、ハムスターにとって大切なもの。かなりの危険を感じたときに見られる行動です。

・ほお袋にたくさん詰める

ハムスターはもともと、食糧に乏しい岩石砂漠地帯に住んでいます。見つけた食べものは持ち帰り、貯蔵する習性があるのです。

・べた〜っと寝る

手足を投げだすように、べた〜っと寝るのは、暑いときです。室温が25℃以上になっていないか確認しましょう。

・丸まって寝る

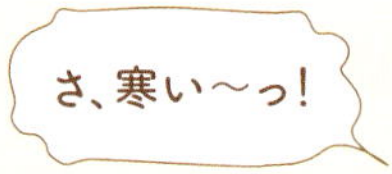

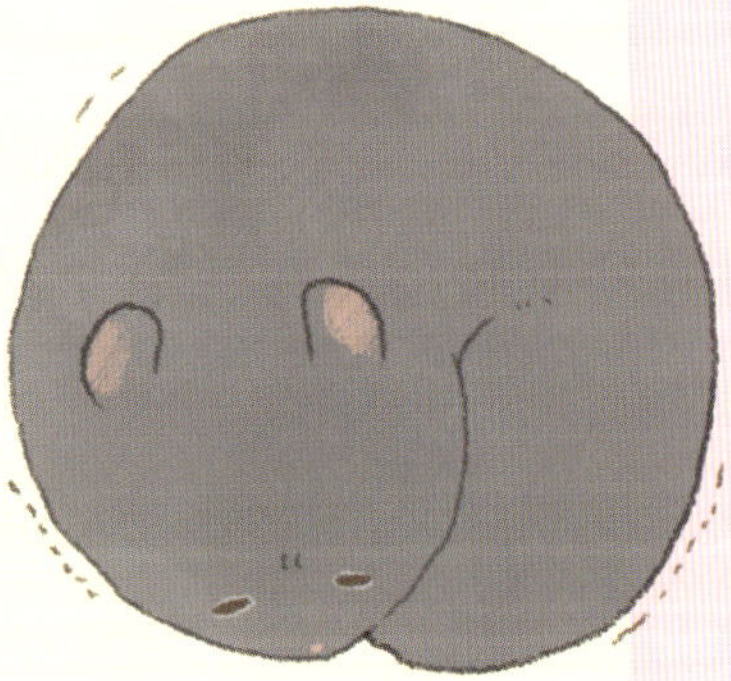

丸って寝ることで、体の熱が逃げにくくなります。つまり、寒くて必死に暖をとっているのです。すぐに室温を上げましょう。

? Question

毎日同じ生活でつまらなくないの？

　ハムスターの生活は、毎日が似たようなことのくり返しです。また、食べるものも毎日ほとんど同じ。人間の感覚でいうと「つまらなくないのかな？」と思ってしまいますね。

　ハムスターは野生では、つねに外敵に狙われ、気を抜くことなく生活してきた動物。毎日食事がとれ、安全を感じられる場所にいられることは、何にも変えがたい幸せです。飼い主さんにできるいちばんのことは、安心できる環境を整えることなのです。

•巣箱から顔を出して寝る

ちょっと暑い～

巣箱の中が暑いのかもしれません。パネルヒーターを使っている場合、巣箱全体に敷かず、半分程度逃げられる場所をつくりましょう。

•あお向けで寝る

安心、安心♪

お腹は、ほとんどの動物にとって急所となります。つまり、お腹を出して寝るのは、安心している証拠。ただし、暑がっていることも。

•ケージをかじる

ヘイ！

飼い主さんの前でかじるなら、何かしらの反応を待っているのかも。歯に悪影響なので、かじれない水槽ケージなどに替えたほうが◎。

•ケージから出たがる

パトロール
させて～っ

ハムスターには、なわばりを毎晩パトロールする習性があります。外に出て、なわばりの安全を確認したいのでしょう。毎日散歩が難しいなら、最初から出さないほうが◎。

•オシッコの前に砂かき

安全確認！

においを嗅ぎ、さらに穴を掘って感触を確認することで、安全をチェックしています。トイレ砂を交換したあとによく見られます。

•ケージでうろうろする

お、落ちつかないぃ

本来、ケージは安心できるはずの場所。ケージをそうじした、または知らないにおい、音がするなどで、落ちつけないのかも！

•回し車で止まる

どこまで来たかな？

回し車に乗ったハムスターは、遠くに走っているつもりでいます。「どれくらい進んだかな？」と、現在地を確認しているのでしょう。

•巣材をかき分ける

に、逃げなきゃっ

危険を感じ、本能的にもぐって敵から隠れようとしているのかも。反対に、単純にもぐることが好きで、楽しんでいる可能性も！

with 飼い主編

•かみつく

この人怖い～っ

本気で、血が出るほどかむ場合は、あなたに恐怖を感じています。かむのは、自分の身を守るための最終防衛手段です。

•手をなめる

何の味かな？

人の手についた汗の塩分や皮脂、フードの残りかすなどの味を確認中かも。少なくとも、あなたを警戒してはいないようですよ♪

•急にかみつくようになった

イライラしてるよ

ふだんなれている子なら、手にほかの動物のにおいがついているなど、飼い主さんを敵と認識してイライラしているのかも。

•手のひらを軽くかむ

降りたいな～

抱っこ中に手のひらをカプカプかむのは、「そろそろ降ろして」のサインです。なお、指先を甘がみするのは、「味見」の延長かも。

•名前を呼ぶと振り向く

聞いたことある！

頻繁に名前を呼んでいるなら、「この音知ってる！」と振り向いてくれている可能性が！　名前を覚えてくれる日も近いかも!?

? Question

名前は覚えてくれるの？

　ハムスターは耳がいい動物なので、飼い主さんの声色と音を聞いて、名前を「知っている音」と認識します。

　そこからさらに一歩進み、「名前を呼んだらこちらに来る」状態にしたい場合は、名前とよいことを関連づけてみましょう。具体的には、名前を呼びながらペレットやおやつを与える方法をとります。これをくり返すことで、いずれ名前を呼んだだけでこちらに来るようになります。覚えるまでの時間は個体差があるので、のんびり取り組んで。

•じっと見てくる

何してるんだろ？

飼い主さんが次に何をするか、観察しています。好意的な視線の場合もあれば、変なことをしないか見張っている場合も！

＼おまけ／

愛ハム信頼度診断

あなたとハムちゃんの相性はいかに？
次の診断でチェックしてみよう！

あてはまるものを☑してみよう！

- □ 名前を呼ぶと反応する
- □ 脱走しようとすることは少ない
- □ ケージに手を入れても逃げない
- □ 体をさわっても嫌がらない
- □ ケージに近づくとハムスターが寄ってくる、または巣箱から出てくる
- □ 指を出すとなめてくれる
- □ 健康チェックやお手入れを嫌がらない
- □ 手を差し出すと乗ってくる
- □ 手の上でおやつを食べる
- □ 目の前であお向けで寝てしまうことがある

☑が4個以下なら

信頼度30％

お迎えしたばかりなのか、ハムスターが臆病で心を開きづらい子なのかも。おやつなどのコミュニケーションツールを使って、少しずつ距離を縮めてくださいね。

☑が5～8個なら

信頼度60％

確実に信頼関係は築けていますね。ただ、完全に警戒心が溶けているわけではないのかも？　本書で愛ハムの気持ちを知って、さらに仲よくなってください。

☑が9個以上なら

信頼度90％

あなたへの警戒心はほぼゼロ。ハムスターは大切にお世話をしてくれるあなたを信頼し、安心感を覚えているようです。幸せなハムライフをお送りください♥

かわいい写真の撮り方

「うちの子をかわいく撮りたい！」というのは、飼い主さんの悲願。そのコツをプロカメラマンがレクチャー！

監修：中島聡美

2つのコツを知って ハムスターをかわいく撮影！

ハムスターは、とてもすばしっこい動物。カメラを向けても、なかなかじっとしていてくれませんよね。そこで、「かわいく撮りたい！」という飼い主さんのために、ハムスターを上手に撮る、ちょっとしたコツをレクチャー。これらをおさえれば、シャッターチャンスがたくさん訪れるようになるはず！　大切なのは、❶カメラの基本的な使い方と設定を知る、❷ハムスターのすばやい動きを上手に制限する、の2点です。

注意!

無理はNG!

ハムスターを撮りたいからといって、寝ているところを起こしたり、追いかけ回したりするのはNG。ハムスターの活動時間帯に、10分未満の短時間で撮影するようにしましょう。無理をすると、ハムスターに恐怖心を与えてしまい、信頼関係がゆらぎかねません。

まずは カメラの使い方をマスターしよう

デジタル一眼とスマホ、シーンに合わせて使い分けよう

ハムスターを撮るとき、本格的なデジタル一眼レフカメラを使用するか、スマートフォンでササッと撮影するか、迷いますよね。デジタル一眼レフは、オートフォーカスの性能が高く、すばやい動きでもきちんとピントを合わせて撮れるのが魅力。さらに、ぼけ感がコントロールでき、雰囲気のある写真が撮れます。ただし、使いこなすには練習が必要。まずは下で紹介する基本をおさえましょう。スマートフォンは、すぐに取り出せ、決定的瞬間を見逃さずに撮れるのが魅力です！

デジタル一眼レフの基本テク

シャッターの切り方

シャッターボタンには、「半押し」と「全押し」の2段階があります。半押しにはピントを合わせる役割が、全押しにはシャッターを切る役割が、それぞれあります。そのため、いきなり全押しでシャッターを切らず、まずは半押しでピントを合わせ、「ここ！」という瞬間でシャッターを押しきるのが、ピントが合ったきれいな写真を撮るコツです。

カメラの持ち方

横向き

縦向き

カメラは正しく持ちましょう。不安定な持ち方をすると、シャッターを押したときにカメラが動き、ぶれた写真になりがちに。縦横どちらで構える場合も、脇をしっかりしめ、右手でカメラのグリップを握り、左手でレンズを支えるように持ってピントを調整します。

Check!

カメラの撮影モードを利用しよう

カメラには、さまざまな「撮影モード」が搭載されています。自動でシーンに合った設定になる「全自動モード（Auto）」でも十分撮れますが、ハムスターを撮るときは「スポーツモード」がおすすめ。パーツを撮りたいときは「クローズアップモード（マクロ）」もよいでしょう。

スポーツモード

高速でシャッターを切って、速い動きの一瞬を切り取り、ぶれずに撮影できるスポーツモードがイチオシ。スポーツモードが見当たらないときは、シャッタースピードを少し上げるとよいでしょう。

＼これがおすすめ！／

連写モード

シャッターチャンスを逃さないよう、撮りたいシーンが訪れたら、カメラの連写機能を活用しましょう。スポーツモードの場合、「長押しで連写」などが設定されているカメラもあります。

プロ直伝 かわいく写真を撮るコツ

コツ1 速い動きをピタッと切り取ろう

ハムスターの速い動きを切り取って写真におさめるには、❶スピードモードで撮ること、❷連写機能を活用すること、の２点のほかに、レンズ選びも重要になります。イチオシは、花や昆虫など、小さな被写体を撮るのに向いている「マクロレンズ」です。反対に、望遠レンズで撮るとぶれやすくなるので、避けたほうがよいでしょう。

また、明るめに撮るために、室内で撮るときはＩＳＯ感度を上げ気味にするとよいでしょう。さらに、写真が黄色くなってしまう人は、ホワイトバランスを白熱電球（タングステン）にするのがおすすめです。

コツ2 シーンによってアングルを変えよう

ハイアングル

全身がきちんと写る！

水平アングル

表情を撮りたいときに！

ハムスターを撮るとき、「アングル」を意識してみましょう。アングルはおもに、ハムスターより上から撮る「ハイアングル」、ハムスターと同じ目線で撮る「水平アングル」、ハムスターより下から撮る「ローアングル」の３つがあります。ハイアングルは、ハムスターの背中の模様や動き、上目づかいを撮りたいときにぴったり！水平アングルは、表情をばっちりおさえられます。ハムスターの場合、ローアングルでの撮影は難しいですが、挑戦すればふだん見られない姿が撮れるかも!?

コツ3 ハムスターの動きを制限しよう

機材の準備ができたら、いよいよ撮影をしていきましょう。できれば自然光が入る場所で撮るのがおすすめですが、ハムスターが寝ている時間でもあるので、無理は禁物。暗い場所で撮る場合は、ストロボを活用するときれいに撮れます。

いくら万全に準備をしても、いざハムスターを撮ろうとすると、想像以上の速さにおどろいてしまいますね。漠然と撮るのは難しいので、ハムスターの動きをある程度制限してしまいましょう。そのための、４つのテクニックを紹介します。

なお、撮影が長時間に渡ると、ハムスターに負担がかかります。長くても10分ほどで済ませて。

撮りやすくする撮影テク

テク1 透明のビンを使おう

ふたり以上で撮影できるなら、ビンを使う方法がイチオシです。一方が透明のビンでハムスターの動きを制限し、方向を誘導。タイミングを合わせて撮影をします。ただし、長時間閉じこめるとハムスターに負担がかかるので、ほどほどにしましょう。

テク2 小物を上手に使おう

ひとりで撮影する場合は、コップやかごなどの容器を使う方法がおすすめ。ハムスターの行動範囲を狭めることができます。この方法だと、ふちに乗ったハムスターの前足なども撮れるのがよいところ。ただし、ハムスターによってはすぐに飛び出してしまうかも。

テク3 台に乗せよう

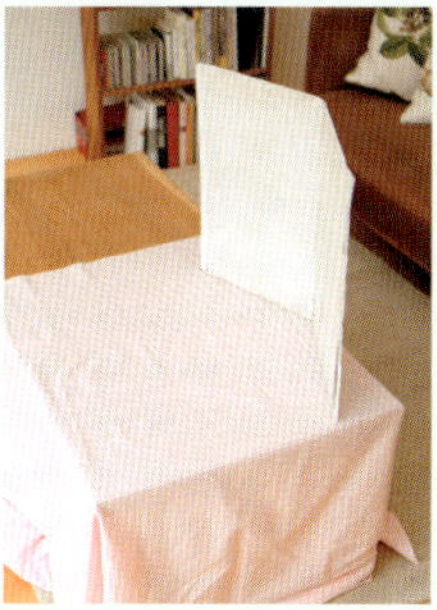

床で撮影すると、ハムスターの行動範囲が広すぎ、また撮れるアングルが限られてしまいます。台に乗せて撮ってみましょう。さらに、白い板などで面を覆うと、ハムスターの動きを制限でき、かつ明るく撮影できます。ただし、落ちないように十分注意して！

テク4 おやつを活用しよう

ハムスターの動きを誘導するときにもっとも効果的なのが、おやつを使うこと。おやつで気を引いて、撮りたい場所で与えれば、一定の時間ハムスターの動きを止めることができます。ただし、与えすぎや、誘導ばかりでまったく与えない……というのはやめましょう。

うちの子 Photo Show

飼い主さんが撮影した、愛ハム自慢の
かわいいショットをお届け♪

いずもちゃん＆おくにちゃん
（ぽんぽりさん宅）

ふたり並んで、
ハイ、ポーズ！

ぽてとちゃん（Rさん宅）

あったか毛布に
包まれて…♥

KOKOちゃん、はとこちゃん
（Sacchanさん宅）

キュートな姉妹の
2ショット！

くろすけちゃん（まな。さん宅）

台に乗って
ばっちりポージング★

あられちゃん（ぼんぼりさん宅）

ポケットの中から
こんにちは～！

めりちゃん（あお★さん宅）

大好きなコーンと
いっしょにパチリ

どん兵衛ちゃん（あやさん宅）

「お帰り～」と
壁どんでお出迎え！

ももすけちゃん（Sacchanさん宅）

お食事中のシーンを
パパラッチ！

ぽんちゃん（comachiさん宅）

一生懸命よじ登る
キミが大好き♥

ハムスターが食べられる野菜、くだものリスト

ハムスターの大好物、野菜＆くだもののなかで、
あげてもよいものと、避けたほうがよいものを大紹介！

○…与えてもよいもの　△…与えるときに注意が必要なもの　×…与えないほうがよいもの

野菜					
アスパラガス	×	ねぎやたまねぎと同じユリ科のため、中毒を起こす危険性が。	オクラ	△	毒性はありませんが、粘着性をもち、ほお袋に貼りつくことがあります。
カイワレだいこん	○	栄養価が高く、おすすめの食材。自宅でも育てやすいです。	かぶ	○	葉に栄養があるので、与える場合は根ではなく葉を与えましょう。
かぼちゃ	○	栄養価が高く、さらに甘みがあって嗜好性も強いのでおすすめです。	カリフラワー	△	与えてもよいですが、シュウ酸が多いので極少量にしましょう。
きゃべつ	○	繊維質が豊富で栄養価も高いため、おすすめの食材のひとつ。	きゅうり	△	与えてもよいですが、水分が多く、与えすぎると下痢を招きます。
銀杏	×	けいれんや嘔吐など、中毒の危険があります。与えないようにして！	ごぼう	×	タンニンが含まれ、消化器官や内臓に負担をかけるのでNG。
小松菜	△	栄養価がとても高いですが、カルシウム、シュウ酸が多いので少量に。	さつまいも	○	甘く嗜好性があり、ハムスターの好物。糖質が多いので少量を与えて。
じゃがいも	×	芽や葉などに、ソラニンと呼ばれる中毒成分が含まれるので与えないで。	春菊	△	栄養価は高いですが、カルシウム、シュウ酸が多いのでほどほどに。
しょうが	×	刺激が強く、内臓機能に負担が大きいです。与えないようにしましょう。	セロリ	△	香りが強いので苦手なハムが多いかも。シュウ酸も含まれます。
だいこん	△	根には栄養がほとんどありません。与えるなら葉にしましょう。	たまねぎ	×	毒性が強く、少量でも死に至る可能性が。絶対に与えないで。
ちんげん菜	△	栄養価は高いのですが、シュウ酸が多いので、毎日与えるのはNG。	とうがらし	×	含有しているカプサイシンが、下痢や胃腸への刺激を招くのでNG。
冬瓜	△	栄養価が少なめ。また、水分が多いので与えすぎは下痢を招きます。	とうもろこし	○	生でも、ゆでてもOK。甘く嗜好性が高いので、好む子も多いです。
トマト	△	葉や茎、青い実は与えない方が◎。また、水分が多く下痢の原因にも。	どんぐり	×	タンニンと呼ばれる成分が、消化器官を傷つけることも。与えないで。
なす	×	種子に中毒成分を含むソラニンが。積極的に与える必要はありません。	にら	×	たまねぎと同様に、中毒成分が含まれます。絶対に与えてはいけません。

にんじん	○	栄養価が高く、おすすめ食材。ゆでると甘みが増して、食いつきアップ。	にんにく	×	中毒成分が含まれ、少量で死に至ることも。絶対にNGです。
ねぎ	×	たまねぎ、にらと同様の中毒成分が。少量で死に至る可能性も！	はくさい	△	栄養価が高い緑の部分を与えて。水分が多いので与えすぎに注意。
パセリ	○	栄養価が高い野菜。カルシウムが多いので、ほどほどにしましょう。	ピーマン	△	栄養価の高さはピカイチ。極微量の中毒成分があるので与えすぎはNG。
ブロッコリー	○	栄養価が非常に高く、イチオシ。若芽のスプラウトもおすすめです。	ほうれんそう	△	栄養価はありますが、カルシウム、シュウ酸が多いのでほどほどに。
水菜	△	若干ですが、発がん性のある成分が。ゆでるとかなり減らせます。	みょうが	×	にんにくなどと同様に毒性があり、下痢や嘔吐を招くので与えないで。
芽キャベツ	×	腫瘍を招く可能性がある成分を多く含みます。与えないほうが◎。	もやし	△	栄養価が低く、水分が多いです。嗜好性が高いので、少量ならOK。
モロヘイヤ	×	種や茎に強い毒性があるので注意。また、カルシウム量も多いです。	レタス	△	与えてもよいのですが、水分が多いので少量にしましょう。
れんこん	×	タンニンと呼ばれる成分が、消化器官を傷つけることも。与えないで。	わらび	×	ユリ科で、腎障害を引き起こす毒性があるので与えないで。

くだもの

アボカド	×	ペルジンと呼ばれる成分が、中毒を引き起こします。少量でもNG！	いちご	○	熟したものを与えましょう。乾燥させて与えるのもおすすめです。
オレンジ	○	外の皮をむいて与えましょう。糖分、水分が多いので少量にとどめて。	かき	△	渋柿には悪影響となるタンニンが含まれます。熟したものなら◎。
キウイフルーツ	○	皮をむいてから与えましょう。水分が多いので与えすぎはNGです。	くり	△	渋皮はタンニンがふくまれるのでNG。加熱しゆでたものなら◎。
グレープフルーツ	△	水分が多いので与えすぎはNG。すっぱいので、嗜好性は低め。	さくらんぼ	△	種や未成熟の実は、毒性があり死の危険も。成熟したものならOK。
すいか	△	水分が非常に多いので、与えすぎると下痢の危険があります。	なし	△	種や未成熟の実には毒性があります。水分が多いので、与えすぎに注意。
パイナップル	△	嗜好性が高いのですが、消化酵素が多いため与えすぎはNGです。	バナナ	△	栄養価、カロリーともに高いです。水分が多いので、下痢の危険も。
ぶどう	△	皮や種はタンニンをふくむためNG。実を少量であれば問題ありません。	マンゴー	△	生のマンゴーは、アレルギーを起こす危険が。実を乾燥させて与えて。
みかん	△	外の皮をむいてから、少量を与えましょう。甘く、嗜好性が高いです。	メロン	△	甘くて嗜好性が高いですが、水分も多く、与えすぎは下痢を招きます。
もも	△	種や未成熟の実は毒性があるのでNG。熟した実のみを少量与えて。	りんご	△	種や未成熟の実には毒性が。熟したものは嗜好性も高く、おすすめ。

※ここで紹介した以外にも、ハムスターにとって毒となりうるものがあります。与えるときは自己責任で、絶対に安全なもの以外は与えないようにしましょう。また、与える量にも十分注意を。

監修

みわエキゾチック動物病院院長

三《み》輪《わ》恭嗣《やすつぐ》

2000年より東京大学附属動物医療センターの研修医となり、現在ではエキゾチック動物診療科の責任者を担う。2006年、ハムスターやうさぎ、鳥などエキゾチック動物診療が専門の、「みわエキゾチック動物病院」を開院。多くの獣医師、看護師が在籍し、日々の健康管理から高度医療まで、飼い主とともに動物に合った治療を行っている。2011年には、博士号(獣医学)取得(東京大学)。また、エキゾチックペット研究会副会長、帝京科学大学非常勤講師も務める。

みわエキゾチック動物病院
東京都豊島区駒込1-25-5
http://www.miwaah.com/

撮影協力

●小動物専門店 お魚かぞく

http://osakanakazoku.web.fc2.com/

小動物販売専門のペットショップ。ハムスター、うさぎ、チンチラ、モルモット、リスなど、一般種からマニア向けまで、さまざまな動物を扱う。また、国内での繁殖にも力を入れており、一部、自家繁殖している動物も。

●株式会社 三晃商会

http://www.sanko-wild.com/

小動物や、爬虫類、昆虫などの飼育用品やフードの開発、販売を行っている。生態や習性を研究し、ペットがより安全で快適な生活を送れるような商品開発がモットー。

●ジェックス株式会社

http://www.gex-fp.co.jp/

小動物や観賞魚、爬虫類、犬、ねこなど、ペット製品全般を取り扱う。飼い主も動物も、笑顔になれるような商品開発を行う。

STAFF

撮影:中島聡美
カバー・本文デザイン:
株式会社バーソウ(内藤美歌子、石田かおり)
本文イラスト:栞子
DTP:株式会社エストール
写真提供:山野貴代美(p.136、139)
執筆協力:鈴木理恵子
編集協力:株式会社スリーシーズン(朽木 彩)
編集担当:ナツメ出版企画株式会社(遠藤やよい)

飼《か》い方《かた》・気《き》持《も》ちがよくわかる
かわいいハムスターとの暮《く》らし方《かた》

2017年 3 月 2 日　初版発行
2022年 1 月20日　第7刷発行

監修者　三《み》輪《わ》恭嗣《やすつぐ》　　Miwa Yasutsugu,2017
発行者　田村正隆

発行所　株式会社ナツメ社
東京都千代田区神田神保町1-52
ナツメ社ビル1F(〒101-0051)
電話　03-3291-1257(代表)
FAX　03-3291-5761
振替　00130-1-58661

制　作　ナツメ出版企画株式会社
東京都千代田区神田神保町1-52
ナツメ社ビル3F(〒101-0051)
電話　03-3295-3921(代表)

印刷所　広研印刷株式会社

ISBN978-4-8163-6181-4　　Printed in Japan
〈定価はカバーに表示してあります〉
〈乱丁・落丁本はお取り替えします〉

本書に関するお問い合わせは、書名・発行日・該当ページを明記の上、下記のいずれかの方法にてお送りください。電話でのお問い合わせはお受けしておりません。

・ナツメ社webサイトの問い合わせフォーム
https://www.natsume.co.jp/contact
・FAX(03-3291-1305)
・郵送(上記、ナツメ出版企画株式会社宛て)

なお、回答までに日にちをいただく場合があります。正誤のお問い合わせ以外の書籍内容に関する解説・個別の相談は行っておりません。あらかじめご了承ください。